国际组织与全球治理丛书 ● 丛书总主编 李 媛 米 红

浙江大学国际组织精英人才培养计划

绿色足迹
联合国与全球环境治理

王之佳 编著

ZHEJIANG UNIVERSITY PRESS
浙江大学出版社
·杭州·

图书在版编目（CIP）数据

绿色足迹：联合国与全球环境治理 / 王之佳编著
. — 杭州：浙江大学出版社，2023.3
ISBN 978-7-308-21828-3

Ⅰ．①绿… Ⅱ．①王… Ⅲ．①联合国－全球环境－环
境综合整治 Ⅳ．①X32②D813.4

中国版本图书馆CIP数据核字(2021)第204686号

绿色足迹——联合国与全球环境治理

王之佳　编著

策　　划	董　唯　张　琛	
责任编辑	董　唯	
责任校对	徐　旸	
封面设计	周　灵	
出版发行	浙江大学出版社	
	（杭州市天目山路148号　　邮政编码　310007）	
	（网址：http://www.zjupress.com）	
排　　版	杭州林智广告有限公司	
印　　刷	杭州高腾印务有限公司	
开　　本	710mm×1000mm　1/16	
印　　张	12	
插　　页	12	
字　　数	221千	
版 印 次	2023年3月第1版　2023年3月第1次印刷	
书　　号	ISBN 978-7-308-21828-3	
定　　价	59.00元	

我与之佳在环保部门共事多年。他是中国环境外交领域的先行者之一，参与和见证了我国许多早期环境外交的重要活动，并为之做出了贡献。我非常高兴地看到，之佳以其在国家环保部门和联合国环境规划署工作期间的亲身经历记录了他人生中最宝贵的一段特殊时期。我相信，读者朋友一定会有兴趣读到，在全球环境与发展进程中，那些具体的人和事是如何推动这一关系人类生存发展的伟大事业的；也相信这本书能有助于年轻一代拓宽全球视野，培养热爱自然、保护地球、造福子孙后代的情怀。期待更多的年轻人走向世界，在国际舞台为推进全球环境治理、构建人类命运共同体、实现可持续发展贡献中国智慧，成为全球生态文明建设重要的参与者、贡献者和引领者。

——解振华　国家环境保护总局原局长、国家发展和改革委员会原副主任、

中国气候变化事务特使

王之佳先生是联合国环境规划署的高级职员。我和同事非常赞赏王先生在该署 11 年的忠诚服务，以及他长久以来对国家和国际环境保护事业做出的忠诚奉献及其领导力。作为国际公务员，他所秉持的包容、正直、谦逊和人性，是这个时代国际公务员应葆有的美德。我坚信，他在书中记录的其在环境规划署的不凡经历和感悟，无疑将激励年轻的读者去勇敢地追求"我们希望的未来"。

——阿奇姆·施泰纳　联合国副秘书长、联合国开发计划署署长、

联合国环境规划署原执行主任

我与王之佳先生相识多年，但对之佳的深入了解始于我担任联合国副秘书长之时。特别是在我担任 2012 联合国可持续发展大会秘书长的两年多时间里，为筹办在巴西里约热内卢召开的这次大会，我与联合国环境规划署有大量的业务往来。其间，之佳作为时任环境规划署执行主任阿奇姆·施泰纳的

特别顾问，为协调联合国经济和社会事务部与环境规划署的配合做了大量工作。由此，我有机会近距离观察和了解之佳。作为环境规划署的高级职员，他意志坚韧，富有激情，精通业务，乐于奉献，善于鼓舞和团结同仁，讲究工作绩效，给我留下了深刻的印象。施泰纳先生亦予以他高度评价。在动员和鼓励民间社团参与可持续发展活动方面，之佳总是以身作则，率先示范，不乏成功范例。我相信，这本书以他的经验之谈，定将让对国际组织感兴趣的读者获得开卷有益的阅读效果。

——沙祖康 联合国原副秘书长

我与王之佳先生相识于20世纪90年代初。作为中国代表团的成员，我们曾共同参与多边环境公约的谈判。之佳懂业务，懂得如何与不同文化背景、不同利益诉求的各国代表打交道。这本基于他的实践经验之书，对培养国际化人才有用、有益。我祝贺之佳。

——刘振民 联合国原副秘书长

这本书深入地、引人入胜地讲述了联合国环境规划署——全球最高环境事务权威机构是如何运转的，以及作为中国籍高级职员的王之佳先生和他的团队是如何工作和生活的。书中展示了他在全球环境治理进程中的奉献精神、专业素养与爱心。读者们一定会在书中的故事里享受到阅读的愉悦。

——埃里克·索尔海姆 联合国原副秘书长、联合国环境规划署原执行主任

这本书是王之佳先生在联合国环境规划署内罗毕总部多年工作和生活的经验之谈，我曾与他共同经历过其中一段时间。我相信，对于有兴趣了解联合国运行机制和文化、有志成为国际公务员，或者对非洲和中非合作感兴趣的读者来说，这是一本很有参考价值的指南。

——张明 中国前驻肯尼亚大使兼常驻联合国环境规划署代表

序 言

中国重返联合国已逾50周年，本人不揣浅陋，编著这本小书，以向纪念这个重要里程碑的花苑献上一片绿叶。

自从联合国退休后，承蒙同济大学盛情邀请，我被聘为顾问教授，又逢生态环境部、中国光华科技基金会、人力资源和社会保障部、中国联合国协会、中国科学院、清华大学、北京大学、浙江大学、南京大学、中国人民大学、武汉大学、山东大学、湖南大学、西北工业大学等国内一些部委、党校、协会和大学等机构的诚邀，我有了做些讲座和在大学教书的经历。我自1976年起和联合国打交道，2003年入职联合国，直至2014年退休。本书的内容是围绕联合国和全球环境治理的那些事儿，简述全球环境与发展进程，讲述些亲闻的掌故、亲历的见闻和感悟。

地球存在了约46亿年，智人只存在了约20万年。可在过去的50年内，人类对地球自然资源的索取量等于之前20万年的总和，地球的前景令人担忧。这是本书第一章的内容。2015年，联合国吹响了集结号，国际社会重拾共识，以可持续发展目标为主线，以期沿着可持续发展之路坚定地走下去。联合国在全球环境与发展进程中的作用不可代替与低估。这是第二章的内容。第三章是讲新中国自恢复在联合国的合法席位后，开启的环境国际舞台之旅。该章列举了中国作为负责任的大国，在应对气候变化、保护生物多样性、履行国际环境公约承诺等议题上的主动担当和贡献。其中介绍了中国参加国际会议和参与多边环境公约谈判的场景，讲讲中国故事，为参加模拟联合国活动的读者提供些参考。第四章谈及我在联合国工作的经历和感悟，以及联合国的运行制度和多元文化。第五章是我在联合国期间及退休后的几则手记，介绍了一个国际环保工作者的工作和生活场景。

附录中收录了浙江大学学生对我的采访、青年学子的短文、我的一篇小文，还将我择选的几份文件资料以二维码形式收录，方便读者线上阅读，节省查找资料的时间。

在党和国家的关怀下，我，一个内蒙古科尔沁草原的知青，走上了绿色环保之路，进而走进了联合国。在人生旅途中，我和许多人一样，赤脚走着，尝到了人生的酸甜苦辣、悲欢离合，被沟坎绊倒过，被荆棘扎伤过。现在我把这些地方标出来，放在路边，以期给后来者做个提示。

进入 21 世纪以来，中国前所未有地靠近了世界舞台中心，而联合国是我国参与全球治理的重要舞台。为了实现我国在联合国提倡的构建人类命运共同体的目标，国家需要培养大批国际化人才，这为有志于到国际组织任职的年轻人在世界舞台一展才华带来了前所未有的机遇。浙江大学国际组织精英人才培养计划和浙江大学出版社及时组织和出版"国际组织与全球治理丛书"，意义重大而深远，特表敬意！

年近古稀之年，能为社会、为年轻人做点儿有意义的事，我很愉快。衷心祝愿年轻一代，向上向前，展翅高飞。并愿自己在有生之年，能与年轻人一起努力，去实现我们希望的未来！

漂泊小叶终归根，筑篱种菊憩养心。桑榆忆往来时路，撷芳送与后来人。

是为序。

王之佳
2022 年夏于北京

目　录

上　篇　地球村与环境署

下 篇 在联合国的日子

上　篇

地球村与环境署

第一章　流浪地球前景堪忧

大自然所提供的一切，足以满足人类的需要，却不足以满足人类的贪婪。

——圣雄甘地

第一节　《家园》数据和案例

我曾看到过一幅太空照片，其中地球仅仅是浩瀚宇宙中的一粒微尘。地球在宇宙中的位置，如同我们自己在地球中的位置。这令人不得不感叹宇宙之浩瀚，人类之渺小，生命之短暂。黑格尔说，一个民族有一群仰望星空的人，这个民族才有希望。我们不妨放慢一下匆忙的脚步，思考一下宇宙和人类，看看我们的地球村，想想我们人类的前景。

超现实主义波兰漫画家伊戈尔·摩尔斯基的画作
《大多数人都在为毁掉地球添柴加火》
（图片来源：https://www.sohu.com/a/119339936_475882）

联合国环境规划署（United Nations Environment Programme，UNEP，中文简称"环境署"）于 2009 年 6 月 5 日发布了一部由法国导演扬·阿尔蒂斯 – 贝特朗耗时 5 年、在 54 个国家取景、由 8800 位雇员共同完成的环保纪录片——《家园》，它以骇人的数字和图像展示了令人担忧的地球现状。

地球存在了大约 46 亿年，而智人在地球上仅生存了大约 20 万年。过去 50 年内，人类对地球资源的索取量相当于之前 20 万年索取量的总和。根据世界自然基金会（World Wildlife Fund，WWF）2018 年的报告，在过去 40 年内，地球上 60% 的物种已经灭绝。

世界发展得越来越快，人类对地球家园的破坏也越来越快！当今世界上：

• 每天仍有大约 5000 人死于饮用肮脏的水，有 10 亿人没有安全的饮用水。

• 有 10 亿人没有足够的粮食，而世界粮食有 50% 以上用于牲畜饲料和生物燃料。

• 40% 的耕地已遭到长期毁坏。

• 每年有大片的森林消失，亚马孙雨林在过去 40 年内已减少 20%，世界第三大岛加里曼丹岛上的森林将在 10 年内消失。

• 物种消失的速度比自然界淘汰的速度快一千倍，有四分之一的哺乳动物、八分之一的鸟类、三分之一的两栖动物濒临灭绝，世界正面临生物多样性危机。

2014 年 2 月，肯尼亚还有 297 头犀牛，犀牛保护组织负责人曾忧心忡忡地说："按现在每年被偷猎 30 头的数量计，10 年以后在肯尼亚，也许人们只能在图片和视频上看犀牛了。"

伦敦大学学院发布的一项研究称，过去数千年里，人类活动对热带雨林造成的影响在持续加大。目前，全球四分之三以上的热带雨林已退化，到 21 世纪末，这类多样性生态系统或许会严重退化，仅剩一个"简化"版本，这一过程中大量物种也会随之消亡。

• 四分之三的渔场正在枯竭或已经到了枯竭的危急边缘。

• 沙漠化问题：目前"沙进人退"这一令人忧虑的趋势并没有得到遏制。

• 到 21 世纪末，地球上所有的自然资源将被开发殆尽。

与此同时，当今世界上：

• 20% 的人正在消费 80% 的世界资源。

• 全球半数财富被 2% 的人拥有。

• 世界上的军费开支是用于援助发展中国家支出的 12 倍。

• 若各国都按某些发达国家的消费方式生活，我们需要两个地球。

• 每年环境灾害造成的全球死亡人数占全球死亡总人数的四分之一，是冲突造成死亡人数的 234 倍。

气候问题不是人类面临的唯一的环境问题。

北冰洋的冰帽正在融化的问题时见于新闻报道，北冰洋邻近国家则接连动员其军队，并宣布对新出现的航道拥有主权，而没人关心气候变化。到 2050 年，估计至少有 2 亿人沦为气候难民。

第二节　世界八大环境公害事件

要回顾全球环境治理进程，还得从世界八大环境公害事件说起。正是欧美国家和日本在工业化过程中爆发了震惊世界的八大环境公害事件，人们才认识到人类的生存环境面临着严重的威胁。现将这八大事件简要介绍如下：

• 1930 年 12 月 1 日至 5 日，由于几种气体和粉尘对人体的综合作用，比利时马斯河谷工业区一周内有 60 人死亡。

• 20 世纪 40 年代，美国洛杉矶市的 250 多万辆汽车每天消耗汽油约 1600 万升，并向大气排放大量碳氢化合物、氮氧化物和一氧化碳。该市临海依山，处于 50 公里长的盆地中，一年内约有 300 天出现逆温层。1943 年 5 月至 10 月阳光强烈，汽车排出的大量废气在日光作用下，形成了以臭氧为主的光化学烟雾，造成了大多数居民出现眼睛红肿、喉炎、呼吸道疾病恶化等，甚至死亡。1952 年、1955 年亦发生了大型光化学烟雾事件，均造成 400 余名老人死亡。

• 1948 年 10 月 26 日至 30 日，美国宾夕法尼亚州多诺拉镇持续有雾，大气污染在近地层积累，二氧化硫及其他氧化物与大气中的粉尘颗粒结合，致使 5911 人发病，17 人死亡。

• 1952 年 12 月 5 日至 9 日，英国伦敦市被浓雾覆盖，温度逆增，逆温层在 40—150 米低空，致使燃煤产生的烟雾不断积聚。烟雾中心的二氧化硫及其他氧化物凝结成烟尘或形成酸雾，这就是世界著名的"伦敦烟雾事件"。在这次事件中，短短 5 天内 4000 多人死亡，为平时的 3 倍，其中 45 岁以上的人最多。仅仅一周内，因支气管炎、冠心病、肺结核和心脏衰弱而死亡的人数分别约是事件前一周同类病症死亡人数的 9.3 倍、2.4 倍、5.5 倍和 2.3 倍。肺炎、肺癌、流感及其他呼吸道疾病患者死亡率均成倍增加。

• 1953—1956 年，由于含甲基汞的工业废水的排放，日本熊本县水俣湾等处的鱼中毒。人食毒鱼后便得了一种叫作"水俣病"的疾病。据 2001 年日本环境省公布的数据，水俣病患者有 2265 人，其中死亡 1784 人。

• 1955 年，日本三重县四日市出现了硫酸烟雾。这是由于石油炼制和工业燃油产生的废气、重金属微粒与二氧化硫结合而形成的。从 1961 年起，该市支气管病发病率显著提高。从 1964 年起，哮喘患者中有不少人因此死去。1967 年，一些患者不堪忍受痛苦而自杀。1972 年，全市经确认的哮喘患者达

817 人，其中死亡 10 人。

• 1968 年 3 月，日本福冈县、爱知县一带生产米糠油时使用的多氯联苯载体混入油中，居民食用后引发中毒。至同年 8 月，患者达 5000 多人，其中 16 人死亡，实际受害者达 13000 多人。

• 大约在 1912—1972 年，在日本富山县神通川流域，锌、铅冶炼工厂排放的含镉废水污染了神通川水体。两岸居民利用河水灌溉农田，使稻米和饮用水含镉，居民食用含镉稻米和饮用含镉水后，全身疼痛，难以忍受，这种疾病被称为"痛痛病"。截至 1968 年 5 月，被正式认定的痛痛病患者有 258 人，其中死亡 128 人。

日益严重的环境污染及生态破坏给世界各国人民带来了巨大的痛苦，也唤醒了人们的环保意识，群众性的环保运动热情从此日渐高涨。1962 年，美国蕾切尔·卡森女士所著《寂静的春天》吹响了国际环保运动的号角。书中谈到，村里邻居反映：春天里为什么没有鸟叫了？以这个问题为契机，她开始了长达几年的调查。卡森女士通过调研发现，这都是农药、化肥等惹的祸。她将调研结果公之于众的做法引起了化学品公司和利益集团的不满，因此她遭受了包括人身攻击在内的各种围攻。不幸的是，她在出书后不久即罹患癌症去世，还未来得及看到此书后来产生的影响。此书一经发行就引起了美国乃至国际社会的强烈关注。它吹响了警示的号角！它唤起了人们的环境意识，引发了公众对环境问题的注意。

此后，环保问题开始逐渐被列入各国政府的议事日程，各种环保组织纷纷成立，国际环保运动逐步兴起，环境问题逐步登上联合国的讲坛。1972 年，联合国人类环境会议在瑞典斯德哥尔摩召开。自此，全球环境治理启程了。

这段环保历史说明人类在走向文明的进程中，有一个认识的过程。这个过程常常是反复曲折的，往往是要付出代价的。20 世纪 80 年代初，人们看到西方世界的钢筋水泥，认为那就是大家想要的现代化，而现在人们明白了绿水青山才是我们希望拥有的生活环境。对待自然，人类要有敬畏之心，而不是与天斗，与地斗，去征服它。

我们不应忘记那些曾勇敢站出来为环保呐喊的有识之士，如蕾切尔·卡森女士。

第三节　当今十大环境问题

经过国际社会几十年的努力，目前世界上仍存在以下十大环境问题。

（1）大气污染

大气中的污染物主要是二氧化碳、一氧化碳、氮氧化物、悬浮颗粒物、铅等。大气污染可增加人类患慢性呼吸道疾病的概率，甚至导致死亡。

在北京空气污染问题中，最突出的是 PM2.5 污染。北京市政府采取了很多有力措施进行环境治理及监测。北京市顺义区的一位餐馆老板说，现在大灶不敢烧煤或炭，如果烧的话，环保执法人员很快就会来查。可见环保监测的力度落到了实处。

（2）水污染

水是我们日常接触最多的物质之一。由于水体受到来自工业和生活废水的污染，世界上很多城市的居民靠购买瓶装饮用水生存。

（3）危险性废物越境转移

危险性废物是指除放射性废物以外，具有化学活性或毒性、爆炸性、腐蚀性和其他对人类生存环境存在有害特性的废物。它能大面积对土壤、地下水、地表水以及空气造成不可逆的污染。

（4）生物多样性减少

近百年来，由于人口的急剧增加和人类对资源的不合理开发，加之环境污染等原因，地球上的各种生物及其生态系统受到了极大的冲击，生物多样性也受到了很大的损害。世界自然基金会疾呼：我们是明了大自然价值和对其造成巨大影响的第一代，可能也是能采取行动逆转这一趋势的最后一代人。因此，保护和拯救生物多样性以及提高这些生物赖以生存的生活条件刻不容缓。

（5）全球气候变暖

全球气候变暖是一种和自然有关的现象，是温室效应不断积累，导致地气系统吸收与发射的能量不平衡。能量在地气系统不断积累，从而导致温度上升，造成全球气候变暖。全球气候变暖会使全球降水量重新分配，冰川、冻土消融（由挪威托管的位于北极地区斯瓦尔巴群岛朗伊尔城的世界末日种子库，由于其所在的冻土层已经融化，挪威政府已于 2018 年 9 月开始筹资重建），海平面上升（马尔代夫总统坐在被海水浸泡的办公桌旁办公的宣传片，向世人警示着该问题的严重性、紧迫性），等等，不仅危害自然生态系统的平衡，也危及人类的生存。

（6）臭氧层的消耗与破坏

臭氧层能吸收太阳的紫外线，保护地球上的生命免遭过量紫外线的伤害。但臭氧层很脆弱，如果一些破坏臭氧的气体进入，就会和臭氧发生化学作用，臭氧层就会遭到破坏。这带来的主要危害是：大量的紫外线直接辐射到地面，导致人类的皮肤癌、白内障发病率增高，并抑制人体免疫系统的功能；农作物受害减产，影响粮食产量和食品供应；破坏海洋生态系统的生物链，导致生态失衡。在人类社会的共同努力之下，预计到 2070 年，臭氧层将得到恢复。中国政府于 1987 年 9 月 16 日在加拿大蒙特利尔签署了《关于消耗臭氧层物质的蒙特利尔议定书》（简称《蒙特利尔议定书》）的最后文件。到 2003 年，中国提前冻结了所承诺的消耗臭氧层物质（ODS）的生产与消费，为保护臭氧层做出了突出贡献。

（7）酸雨蔓延

现在酸雨已成为全球性问题。酸雨是指大气降水中酸碱度（pH 值）低于5.6 的雨、雪或其他形式的降水。酸雨可腐蚀建筑材料，使土壤酸化，使河流湖泊中的鱼、虾减产甚至绝迹。北美五大湖区曾遭受严重酸化，因此美国和加拿大成立了专门的委员会来处理跨界酸雨问题。

（8）土地荒漠化

全球共有 50 亿公顷干旱、半干旱土地，其中 33 亿公顷遭到荒漠化威胁，致使每年有 600 万公顷的农田、900 万公顷的牧区失去生产力。人类文明的重要摇篮——底格里斯河、幼发拉底河流域已由沃土变成荒漠。中国的黄河流域水土流失亦十分严重，沙尘暴曾一度肆虐我国北方地区。中国大型群众性公益活动"保护母亲河行动"对黄河流域的治理取得了显著成效。2005 年，该项目及其领导者、时任团中央书记处第一书记周强获得了联合国环境署首次颁发的"地球卫士奖"。

（9）森林锐减

在今天的地球上，森林正以惊人的速度消失。加里曼丹岛上的森林即将全部消失，巴西亚马孙雨林也正在以惊人的速度消失。森林的消失会造成洪涝频发、温室效应加剧、物种灭绝等后果。

（10）海洋污染

人类活动使近海区域的氮和磷增加了 50%—200%，导致一些海洋的赤潮现象频繁发生。联合国环境署 2018 年公布的海洋污染数字令人触目惊心。有大量图片显示，死亡的鲸鱼体内含有大量的塑料垃圾。

这就是我们人类当前面临的形势。在为时已晚之前，国际社会应尽快采取行动。

第二章　联合国与环境治理

第一节　联合国环境署——全球环境事务的权威机构

日益严重的环境污染及生态破坏给世界各国人民带来了巨大的痛苦，也唤醒了人们的环保意识，群众性的环保运动热情也日渐高涨。这些声势不断壮大的环保运动，推动了联合国环境署的建立。

一、《寂静的春天》——吹响国际环保运动的号角

1962 年 9 月，美国科普作家蕾切尔·卡森出版了《寂静的春天》，引起了全社会的关注。在该书的影响下，仅至 1962 年年底，就有 40 多个提案在美国各州通过，立法限制杀虫剂的使用；滴滴涕（DDT，保罗·缪勒曾因发明 DDT 而获得诺贝尔奖）等几种剧毒杀虫剂也从可生产与使用的名单中被除名。

《寂静的春天》吹响了警示的号角！它唤起了人们的环境意识。从某种意义上讲，是这本书促使环境议题被列入联合国大会的议事日程。

二、第一个里程碑：联合国人类环境会议

1968 年，举办联合国人类环境会议的提案在联合国大会上获得了讨论。经过磋商和细化，1969 年决议通过。

1972 年，联合国人类环境会议在斯德哥尔摩召开。会议通过了《联合国

人类环境会议宣言》(简称《人类环境宣言》)和三项提案:成立联合国环境署、设立环境基金、将此会开幕日 6 月 5 日定为世界环境日。同年,联合国大会 2994 号、2997 号决议通过了这三项提案。联合国环境署自此诞生。

斯德哥尔摩的这次联合国人类环境会议标志着国际社会经过沉痛的反思,开始正视由于自身的原因引起的环境问题,并逐步采取一系列措施,开启了"先污染、后治理"的环保历程。

联合国人类环境会议举办后不久,中国政府召开了第一次全国环保大会,这标志着中国环保事业的开始。1974 年,周恩来总理批示成立国务院环境保护领导小组办公室。联合国对中国环保事业的影响可见一斑。

联合国人类环境会议是一次各界人士都关注的全球盛会。木心在《哥伦比亚的倒影》一书中写道:"'只有一个地球'……呈现在七十年代瑞典斯德哥尔摩召开的国际环境会议所发的《人类环境宣言》里,警报的意义是重大的……"

三、联合国环境署简介

1. 为什么联合国环境署总部设在肯尼亚?

挪威一家研究机构称,环境署总部被安排在非洲是因为位于美国纽约的联合国机构不愿让系统内的新成员在联合国总部同其他部门争权,希望它远离政治中心。当然,从政治上考虑,联合国在发展中国家应该设置一个办事处。

1972 年,在竞标总部的过程中,成熟的肯尼亚外交队伍采取了分步策略,成功地把机会揽到手中。况且在非洲也找不出更合适的替代国家,南非和埃及当时的相关条件并不优于肯尼亚。

肯尼亚自 1963 年独立以来,政治稳定。另外,地处东非高原的肯尼亚自然环境优美,奇花异草四季茂盛。它得天独厚的自然条件也使其成为动物的天堂。

肯尼亚首都内罗毕是联合国在全球的四个办公地点之一,被称为"世界环境之都"。内罗毕气候宜人,四季如春,日温差大于年温差。设在内罗毕的联合国环境署总部的办公大楼,是以环保和节能为理念在 2010 年建成的。这座 3 层楼房的楼顶和房后,装置了 6000 平方米的太阳能光伏板为整座大楼提供电源。办公室和公共服务区安装了感应式节能灯。半敞开式的顶部设计使大楼内的冷热空气通过自然风流通,调节室温,省却了空调设备。屋顶的雨水收集系统收集的雨水用于灌溉大院内的植被,节省了灌溉花木和草坪的淡水资源。办公楼采光的玻璃窗，在设计上充分利用了赤道地区的自然光照，节省了能源。环境署这座办公楼可称得上是低碳型、资源节约型可持续建筑的"样板间"。这是环境署推动绿色经济理念的一个范例。

2. 联合国环境署的使命

联合国环境署的使命是激发、推动和促进各国及其人民在不损害子孙后代生活质量的前提下提高自身生活质量，领导并推动各国建立保护环境的伙伴关系。

3. 联合国环境署的职能

（1）作为为会员国服务的秘书处，联合国环境署在环境领域起着协调催化作用，是联合国最高环境管理权威机构。

环境署为各国政府服务，促成各国环境政策和国际环境公约的制定；提高公众环境意识，对正在出现的环境问题发出警示；为召开的政府间会议提供秘书处服务和法律咨询。

（2）执行理事会和常驻代表会通过的工作方案。

（3）为公约谈判和现有公约的缔约方大会提供秘书处服务。

（4）对环境突发事件做出应急反应。

4. 联合国环境署的任务

（1）举办大会

为了解决全球性问题，推动国际社会对话与合作，联合国要根据联合国大会决议举行相关的会议。具有里程碑意义的环境领域的会议有：

- 联合国人类环境会议（斯德哥尔摩会议）；
- 联合国环境与发展会议（里约环发会议）；
- 世界可持续发展峰会（约翰内斯堡峰会）；
- 联合国可持续发展大会（"里约 +20"峰会）。

（2）促成政治意愿，推广绿色理念

自 1972 年以来，环境署促成的主要宣言、纲领性文件和环保理念如下：

- 宣言：《人类环境宣言》《我们共同的未来》《里约环境与发展宣言》《我们希望的未来》等；
- 纲领性文件：《21 世纪议程》《联合国千年发展目标》《联合国可持续发展目标》等；

- 环保理念：绿色经济、可持续生产与消费、新能源倡议等。

（3）推动立法来应对全球问题

促成诸多多边环境协议，如《联合国气候变化框架公约》、《生物多样性公约》、《保护臭氧层维也纳公约》（简称《维也纳公约》）、《蒙特利尔议定书》、《关于持久性有机污染物的斯德哥尔摩公约》（简称《斯德哥尔摩公约》）、《关于在国际贸易中对某些危险化学品和农药采用事先知情同意程序的鹿特丹公约》（简称《鹿特丹公约》）等。

（4）提高公众环境意识，表彰先进

2014年3月我即将退休时，联合国同事们为我举办了一场荣休的告别会，联合国副秘书长夫妇等嘉宾出席并讲话。会上，在我致答谢词之前，一位印巴裔女律师根据其母语习惯暖心地称呼我之后，问道："您这一辈子都献身环保事业了，请您用一句话概括，人类社会到目前为止在环保事业方面取得的最大成绩是什么？"

我当时脑海中闪过了很多答案，从1976年到2014年，自己在职业生涯中，一直都从事环保事业，从多边环保立法谈判、双边合作构架到周边环保合作都有参与。不论是中国的环保工作，还是全球环境治理，取得的最大最重要的成绩，应是人们的环境意识普遍得到了提高。我环顾会场，发现同事们大都点头同意这个观点。实际上，我们做了这么多具体的事情之后，到头来回顾，发现这种环境意识、这种价值观才是最根本、最长久、最可贵的成果。

在提高公众的环境意识方面，联合国采取了很多措施，投入了很多资源，包括：

- 设置纪念日，引起世界关注。例如，设置世界湿地日（2月2日）、世界地球日（4月22日）、国际生物多样性日（5月22日）、世界环境日（6月5日）、世界防治荒漠化和干旱日（6月17日）、国际保护臭氧层日（9月16日）等。
- 表彰先进。例如，先后设置"联合国环境金奖""联合国环境署笹川环境奖""全球500佳环境奖""地球卫士奖"等奖项，旨在鼓励各国政府在环境保护和发展事业上投入更多力量。以上奖项中国全都获得过。
- 组织青少年活动。环境署每年都会组织乞力马扎罗山攀登活动、世界青年大会、儿童环保绘画大赛等活动。

（5）筹措资金，资助发展中国家

- 设立环境基金（Environment Fund）。该基金由联合国环境署管理，由各国自愿捐款，每年捐款数额大约为 4500 万美元。其中，工资、差旅费和项目经费各占三分之一。

　　• 设立全球环境基金（Global Environment Facility, GEF）。该基金由联合国环境署、联合国开发计划署、世界银行三个机构共同管理，关注气候变化、国际水域、土地退化、化学品和垃圾管理、生物多样性等重点领域。自 1991 年以来，全球环境基金已为 100 多个发展中国家的几千个项目提供了超百亿美元的赠款并撬动了数百亿美元的联合融资。该基金的小额赠款计划中国项目自 2009 年 7 月 1 日正式启动以来，已获得 GEF 资金 940 万美元，支持了 173 个项目。

　　（6）落实大会通过的目标和任务，为会员国提供技术服务、制定工作大纲和中期战略

　　工作大纲（Programme of Work, PoW）和中期战略（Medium Term Strategy, MTS）是联合国环境署的纲领性工作文件。每年，环境署都依据这些文件制订其该年度的工作计划。

　　（7）应对国际紧急环境事件

　　环境署面对突发的国际事件与灾害，须及时做出反应，视情况提供技术援助和应对措施。例如，四川汶川地震后环境署主导了相关生态环境评估项目。

　　（8）联合国环境署常驻代表委员会负责联合国环境大会休会期间的工作

　　联合国环境大会休会期间，秘书处通过各国常驻代表团来保持与各国政府的沟通，有些涉及整个环境署的事项或突发事项则提交到常驻代表委员会来商定。

　　常驻代表委员会会议由会议推选出来的主席主持，会议第一项议题通常是通过会议议程。代表们如不反对，则议程通过。随后进行下一项流程，由主席欢迎新到的常驻代表并请大家致辞，同时对即将离任的常驻代表表示感谢和祝愿。之后的议题是由环境署在总部的最高负责人通报自前一次会议以来的重大进展和事宜，随后讨论前一次会议未尽的议题。最后一项是其他事宜。

5. 联合国环境署的机构设置和具体事务等

　　联合国各机构常常因首脑更换或形势需要而调整重组，我在环境署的 10 余年间，经历了数次变更，这里列举的是近年环境署大致的机构状况。

（1）内设机构

包括新闻司、环境法律与公约司、早期预警和评价司、环境政策执行司、技术工业技术司、区域支持办公室、管委会秘书处、执行主任办公室。

（2）办事处分布

6个区域办事处包括亚太办、西亚办、非洲办、欧洲办、北美办、拉美和加勒比办。

驻联合国总部和欧盟以及国家联络处包括纽约、欧盟、莫斯科、北京、比勒陀利亚、新德里、巴西利亚办公室。

（3）人员架构

自上而下是执行主任、副执行主任、司长、专业官员、服务性人员等层级。决策团队称为高级管理团队（SMT）。

（4）方案制定

包括制定工作大纲、中期战略。

（5）具体事务

• 预算管理：由资金筹措办公室（RMU）负责；

• 人事管理：招聘程序、绩效考核（EPAS）、职员培训；

• 总务处：签证办理、驾照办理、班车和公务用车管理、文件印刷与发放、邮件管理、免税店管理、电脑维护、通信维护、办公室设备维护、办公室保洁、院内园林规划；

• 警卫处：安全保障、应急事故处理、联合国通行证发放。

（6）与各国政府和外交机构的关系

会员国大会是决策机构，各国常驻环境署代表是各国和环境署日常联络的官方渠道，接待各国中央政府访问团组是环境署工作的一部分。

旅行、银行事务、餐饮、园林维护、就学、私人用车、住房问题等均通过社会化服务解决。

第二节　环境意识的演变

通过1972年以来的成功与失败的实践经验，国际社会对环境问题有了进一步认识：要走可持续发展之路。地球村的环保事业需要顶层设计。

一、世界环境与发展委员会和《我们共同的未来》

1982年于内罗毕召开的联合国环境管理理事会议上，前日本环境厅长官原文兵卫代表日本政府建言设立世界环境与发展委员会，得到了代表们的支持。应运而生的世界环境与发展委员会（WCED）通称联合国环境特别委员会或布伦特兰委员会（Brundtland Commission）。

1983年第38届联合国大会通过了成立一个独立机构的决议，联合国秘书长提名挪威工党时任领袖布伦特兰夫人任委员会主席，苏丹外交部前部长卡利德任副主席。

1984年5月，世界环境与发展委员会正式成立。委员会由主任、委员等22名世界著名学者、政治活动家组成。委员会的主要任务是审查世界环境和发展的关键问题，创造性地提出解决这些问题的现实行动建议，提高个人、团体、企业界、研究机构和各国政府对环境与发展的认识。

在1987年于日本东京召开的环境特别会议上，世界环境与发展委员会发布了《我们共同的未来》报告，对可持续发展的概念和定义达成了共识，影响广泛。可持续发展是既满足当代人的需求，又不损害后代人满足其需求的能力的发展。可持续发展由三大支柱组成，即以平衡的方式，实现经济发展、社会进步和环境保护的协调统一。

二、第二个里程碑：联合国环境与发展会议

从1972年的联合国人类环境会议到1992年的联合国环境与发展会议，会议名称的变化，展示着人们环境意识的演进。国际社会已经认识到保护环境应该与发展并行不悖、相互促进，这是最可贵的进步，人们对解决环境问题有了新的认知。

1992年，联合国在巴西里约热内卢召开了联合国环境与发展会议。会议通过了《联合国气候变化框架公约》《生物多样性公约》《关于森林问题的原则声明》《里约环境与发展宣言》《21世纪议程》等五大文件，成果丰硕。其中，《里约环境与发展宣言》确认了"环境与发展并举""环境问题只有在发展的过程中加以解决""解决全球性环境问题需要国际合作""共同但有区别的责任"等原则。

三、世界可持续发展峰会与环发进程

1992 年在里约通过的《21 世纪议程》，在之后的 10 年内实施进展缓慢，国际社会也逐渐认识到环境与发展是一个长期且艰难的过程。

为了持续推动环境与发展进程，2002 年，联合国在南非约翰内斯堡召开了世界可持续发展峰会。时任中国国务院总理朱镕基出席了会议。该大会强调了"联合国千年发展目标"，通过了《约翰内斯堡执行计划》。

世界上很多事情是不以人的意志为转移的，2001 年 9 月 11 日发生在纽约的恐怖袭击震惊了全世界。"9·11"事件促使国际社会优先关注反恐防恐，因此减缓了全球环境治理的进程，也分流了发达国家对发展中国家的援助。例如，发达国家援助发展中国家的资金从来没有达到 1992 年在里约热内卢会议上承诺的水平，反而不断下降，技术转让实际上也从未到位过。因此，2002 年至 2012 年这 10 年，仍是环发进程缓慢的 10 年。

第三节 危机意识与重拾共识

国际形势的剧变让世界变得更加复杂，同时各国对环发进程普遍不满。世界环发进程缓慢的原因何在？首先，发达国家没有兑现 1992 年做出的对发展中国家在资金和技术方面予以援助的承诺；其次，反恐成本的上涨分流了发达国家对发展中国家的援助资金。在环境与资源方面，人类社会欠账越来越多。

一、第三个里程碑："里约 +20"峰会

2012 年 6 月，联合国在里约热内卢召开联合国可持续发展大会。由于与 1992 年在里约热内卢召开的联合国环境与发展会议整整时隔 20 年，该大会又被称为"里约 +20"峰会，被视为国际环境与发展进程的"第三个里程碑"。

该大会有三个目标：

（1）重拾各国对可持续发展的承诺；

（2）找出人类在实现可持续发展过程中取得的成就与面临的不足；

（3）继续面对不断出现的各类挑战。

该大会有两个主题：

（1）绿色经济在可持续发展和消除贫困方面的作用；

（2）可持续发展的体制框架。

二、年轻一代的焦虑

在"里约+20"峰会的开幕式上，新西兰17岁女孩布列塔妮·崔福特作为学生代表喊出了年轻一代的焦虑："我站在这里，心中燃烧着怒火，我对于世界的现状感到困惑和愤怒，我希望我们能够一起努力改变这一切。我们今天在这里，要解决我们共同造成的一些问题，只有这样，我们的未来才有保障。"布列塔妮提醒与会者，她是代表了25岁以下的30亿人讲话的。她告诉与会者："请把我当作世界人口的一半。"她最后宣布："你们有72小时可以决定你的孩子、我的孩子以及我孩子的孩子的命运，计时已经开始。"各国元首被这孩子的呼吁所震动，无言以对。

时任联合国秘书长潘基文代表各国决策者，对女孩的呼声给出了有力的回应："正因为如此，我们将沿着人类可持续发展之路坚定地走下去。"这是对布列塔妮的承诺，更是对人类未来的承诺。

三、《我们希望的未来》

作为"里约+20"峰会成果文件，《我们希望的未来》反映了与会诸国对人类未来的承诺。它重申了以"共同但有区别的责任"原则为核心的里约精神，这在世界经济危机持续发酵、部分发达国家以此为由推脱世界环发责任的时代背景下，具有重要的积极意义。

国际环发领域矛盾错综复杂，利益相互交错。面对人类共同的未来，全球伙伴关系的建立对于永续发展至关重要，而"共同但有区别的责任"原则是构建合作关系的基础。显而易见，没有理由让发展中国家在贫困中守护空气、森林和海洋资源，而发达国家却在享受公共环境产品时继续其过度生产和消费的习惯。巴西前总统罗塞夫评价道："没有这一原则，奢谈共识。"

四、里约反思

众所周知，1992年里约联合国环境与发展会议是一个里程碑，标志着地球村居民的环保意识的日益提升。20年后再出发，国际环发事业将何去何从？

"里约+20"峰会提出了绿色经济的政策选项。作为人类对传统不可持续发展方式的一种反思，绿色经济理念是对可持续发展"三大支柱"——经济发展、社会进步与环境保护的有效整合，诠释了社会经济发展与环境保护协调统一的可能性。一些专家甚至预言，绿色发展将成为后危机时代全球发展的重要趋势。

尽管会议没有明确阐述"绿色经济"的定义，但是面对这一全新领域，与会者对概念的外延进行了必要限定，例如必须有助于统筹经济社会发展和环境保护，不应对援助附加不必要的条件，不应成为限制贸易的借口等。这些限定条件的提出，是对各会员国特别是发展中国家对于未知规则疑虑的有力回应，也从侧面体现了发展中国家在国际发展问题上不断提升的话语权。

《绿色经济：联合国视野中的理论、方法与案例》一书中文版由联合国环境署、同济大学环境与可持续发展学院组织翻译出版，并曾在"里约+20"峰会现场发布，联合国原副秘书长、大会秘书长沙祖康，联合国副秘书长、环境署执行主任阿奇姆·施泰纳共同出席了发布仪式。2014年，同济大学环境与可持续发展学院又和联合国环境署在北京共同发布了关于绿色经济的教材。这是全球首创的做法，值得记入环保史册。

从石器时代到农业时代再到工业经济时代，任何一次人类经济社会的转型，无不是在客观环境的压力下、在主观认识的淬炼中，经历了漫长的实践、适应、调整甚至后退的过程，才缓慢实现的。历史无数次证明，量变到质变的转换需要时间的积淀和意愿的浓缩，但人类向着更高文明阶段迈进、发展的趋势是不可逆转的。

从20世纪80年代后期联合国提出的"我们共同的未来"，到2012年"里约+20"峰会提出的"我们希望的未来"，定语的调整表明了认识的转变。

人们注意到，在"里约+20"峰会上，各国围绕绿色经济和机制框架两大主题提交了多达上千条新动议、新设计和新诉求，与会者竞相表达自己对未来的愿景、期望抑或不满。然而，要把这些"我"所憧憬的未来最终汇聚成"我们"所憧憬的未来，需要的不仅是如潘基文所说的"超越局部的私利"，更重要的是"把意愿化为行动"。

人口与环境压力的叠加、科学技术的进步和政治意愿的累积交互作用，正促使今天的全球领导者们从责任共担、应对危机的被动防守，向积极谋划、开创未来的主动作为转变，这预示着国际环发事业的新阶段。

峰会已经过去数年，为人类升级发展模式的倒计时已经开始。正如《家园》所发出的呼吁：抓紧行动，时间无多！不是我们拯救地球，而是人类拯救自己！

第四节　联合国千年发展目标和联合国可持续发展目标

一、联合国千年发展目标（MDGs）

联合国千年发展目标是一项由联合国全体 191 个会员国一致通过、旨在于 2015 年之前将全球贫困水平（以 1990 年水平为标准）降低一半的行动计划。在 2000 年 9 月召开的联合国首脑会议上，189 个国家签署了《联合国千年宣言》，正式做出了此项承诺。

联合国千年发展目标共有 8 个大目标、21 个子目标。国际社会经过 15 年的努力，到 2015 年，已经实现或基本实现减贫、提供安全饮用水、男女平等接受初级教育、抗击疟疾、改善贫民窟居住条件等 5 项指标。值得一提的是，全球提前 5 年实现了"每日收入不足 1.25 美元的人口比例减半"的指标，对广大发展中国家意义重大。

二、联合国可持续发展目标（SDGs）[①]

2015 年 9 月 25 日，联合国发展峰会在纽约联合国总部召开，193 个会员国在峰会上正式通过了联合国可持续发展目标，其内含 17 个大目标和 169 个子目标。

联合国可持续发展目标是在联合国千年发展目标到期之后，继续指导 2015—2030 年全球发展工作的重要指标。可持续发展目标旨在从 2015 年到 2030 年以综合方式彻底解决社会、经济和环境三个维度的发展问题，使世界转向可持续发展道路。可持续发展目标做出了历史性的承诺：首要目标是在世界每一个角落永远消除贫困。

17 个大目标主要内容依次如下。目标 1：在全世界消除一切形式的贫困；目标 2：消除饥饿，实现粮食安全，改善营养状况和促进可持续农业；目标 3：确保健康的生活方式，促进各年龄段人群的福祉；目标 4：确保包容和公平的优质教育，让全民终身享有学习机会；目标 5：实现性别平等，增强所有妇女和女童的权能；目标 6：为所有人提供水和环境卫生并对其进行可持续管理；目标 7：确保人人获得负担得起的、可靠和可持续的现代能源；目标 8：促进

---

① 参阅：联合国经济及社会理事会 2016 年 6 月 3 日发布的秘书长的报告《实现可持续发展目标进展情况》（E/2016/75）。该报告由于技术原因于 2016 年 7 月 5 日重发。

持久、包容和可持续经济增长，促进充分的生产性就业和人人获得体面工作；目标9：建造具备抵御灾害能力的基础设施，促进具有包容性的可持续工业化，推动创新；目标10：减少国家内部和国家之间的不平等；目标11：建设包容、安全、有抵御灾害能力和可持续的城市和人类住区；目标12：采用可持续的消费和生产模式；目标13：采取紧急行动应对气候变化及其影响；目标14：保护和可持续利用海洋和海洋资源以促进可持续发展；目标15：保护、恢复和促进可持续利用陆地生态系统，可持续管理森林，防治荒漠化，制止和扭转土地退化，遏制生物多样性的丧失；目标16：创建和平、包容的社会以促进可持续发展，让所有人都能诉诸司法，在各级建立有效、负责和包容的机构；目标17：加强执行手段，重振可持续发展全球伙伴关系。

对于可持续发展目标，一些国家在饮用水保护上做得很好，一些国家在脱贫方面取得了成果，一些国家在性别平等上也取得了不错的进展。

三、联合国千年发展目标与联合国可持续发展目标的不同

联合国千年发展目标共有8个大目标、21个子目标。联合国可持续发展目标有17个大目标、169个子目标。

可持续发展目标应对导致贫穷的根本原因，并致力于满足实现发展的普遍需求，确保进步所得人人有份，因此涉及范围更广，目标也更加长远。可持续发展目标涵盖可持续发展的三个维度：经济发展、社会进步和环境保护。

基于千年发展目标所取得的成就和所形成的势头，可持续发展目标的覆盖面更广，且具有普遍性，适用于所有国家，而千年发展目标仅面向发展中国家。

可持续发展目标的一个核心特征是强烈关注执行手段，包括筹资、能力建设、技术、数据和机构。可持续发展目标揭示了应对气候变化对可持续发展和消除贫穷至关重要。其中的目标13，就旨在采取紧急行动应对气候变化及其影响。

四、几个挑战

（1）关于贫困人口的数字

截至2015年，约有来自发展中国家的10亿人每天生活费不足1.25美元；全球快速和未规划的城市化已经导致大约61%的非洲人口、40%的亚洲人口、32%的拉美人口生活在贫民窟中。

（2）关于环境与食品安全问题的数字

截至 2008 年，全球 24% 的耕地土壤在降解，40% 的农业用地已经恶化。农药的毒性导致生物多样性遭到破坏，500 万农业工人中毒。由于气候变化，在非洲的撒哈拉和撒哈拉以南地区农业减产 5%—20%，在东南亚地区粮食减产 1600 万吨。

联合国可持续发展目标实现的前景不容乐观，人类面临着诸多严峻考验，但我相信，人类智慧和正义的力量会使这个世界逐步走出困局。

五、联合国如何监测可持续发展目标的进展

（1）落实可持续发展目标的 17 个大目标是各国政府的责任，联合国各专门机构是为政府实现这些目标服务的。

（2）监测和评估目标的进展是联合国的职责。联合国机构间专家组提出框架，《2030 年可持续发展议程》统计伙伴关系、协调和能力建设高级别小组进行指导和审议。评估报告是以各国政府提供的数据为根据的，年度报告由联合国秘书长发布。

（3）在全球层面，有一个全球性指标框架用于监测和审查可持续发展目标的 17 个大目标和 169 个子目标的进展。全球性指标框架由可持续发展目标各项指标的机构间专家组起草，由联合国统计委员会于 2016 年 3 月确定最终框架，然后由联合国经济及社会理事会和联合国大会通过。

（4）各国政府建立各自国家的衡量指标，协助监测可持续发展目标和具体目标的进展。

（5）来自会员国的首席统计师确认具体目标，为每一具体目标设定 2 项衡量指标。所有具体目标的衡量指标总计有 300 项。

（6）联合国秘书长发布年度《可持续发展目标进展报告》，陈述跟踪和审查程序及信息。

（7）可持续发展问题高级别政治论坛年度会议在可持续发展目标进展全球层面的审查中发挥核心作用。关于可持续发展目标的执行手段，则根据第三次发展筹资问题国际会议成果文件《亚的斯亚贝巴行动议程》提供的框架加以监测和审查，以确保有效调动财政资源支持可持续发展目标的实现。

六、联合国运行机制

联合国每个机构都有其工作大纲和中期战略，这些要经会员国大会即决策机构批准，由秘书处执行，相关进展每年要向会员国报告。可持续发展目标通过后，各机构工作大纲的主线是围绕该目标的具体目标来安排各自领域的工作，并在各自年度大会上提出议题，经会议审议提出决议草案后报联合国经济及社会理事会审议。决议草案通过后，报联合国大会审议。

过去由于政治问题尖锐敏感，会上难以达成一致，联合国常常采用投票形式通过决议。现在联合国会议通常采用的是协商一致（consensus）的做法。

七、联合国可持续发展目标评估运行机构

1. 联合国统计委员会

该委员会是联合国经济及社会理事会9个职司委员会之一，于1946年6月成立，负责联合国及其专门机构的统计情报工作，研究各国统计工作的规范化和配合协调问题，并就有关问题向联合国和各国政府提供建议。

（1）主要职责

• 拟定统计分类、统计指导方针和统计方法的国际标准；

• 帮助发展中国家提高统计水平和建立新的统计项目；

• 收集国际统计资料；

• 应联合国系统各组织的咨询提交统计数字。

委员会有成员24名，由联合国经济及社会理事会按地区分配原则选举产生，任期4年。委员会每两年召开一次全体会议。

（2）作用

该统计委员会的作用主要是通过正确地完成统计的基本任务，提高统计的服务质量来发挥的。主要包括以下内容：

• 全面反映全球经济和社会发展的水平、规模、结构、速度、比例、效益，预测其发展的趋势，阐明经济和社会发展的统计规律性，制订符合实际的计划，提供准确、及时、完整、系统的统计信息；

• 经常检查各国政策的实施和计划完成的进度，说明政策和计划执行好坏的原因，考核经济效益和社会效益，评比先进和后进，揭露生产、建设、流通等领域中的经营管理问题和各种浪费现象，检举、揭发违反法令及破坏

各国计划的行为,针对各国经济和社会发展中的实际情况与问题,实行全面的、严格的统计监督。

2. 联合国统计司

该司负责起草给联合国经济及社会理事会的决议草案,包括综合各方数据。在该理事会通过后,该决议草案作为联合国秘书长的年度报告,由秘书长办公室发布。

八、落实联合国可持续发展目标的责任

可持续发展目标的执行和成功依赖于各国自身的可持续发展政策、计划和方案。对于2015—2030年可持续发展目标和各项具体目标的进展在国家、区域和全球层面的跟踪和审查,各国负有主要责任。

虽然可持续发展目标不具法律约束力,但是各国政府都应主动承担责任,建立实现17个大目标的国家框架。各国对目标的执行情况的跟踪和审查负有主要责任,因此必须采集高质量、可获取和及时的数据。区域性跟踪和审查将以国家层面的分析为依据,并作为全球层面跟踪和审查的依据。

每段旅途都有起点和终点。规划旅途、确定沿途重要的里程碑均需有可用、及时且可靠的分组数据。对于可持续发展目标,全球指标的数据要求也前所未有,这对所有国家均构成了极大的挑战。然而,建设国家统计能力以满足这些需求,对于了解现状、规划未来及实现共同愿景是关键的一步。

九、落实的出发点:评估联合国可持续发展目标的全球性指标框架

2016年3月,统计委员会第47次会议商定可持续发展目标各项指标机构间专家组提议的全球性指标框架,将其作为切实出发点,并在之后进行完善。这套包括230多个指标的框架旨在审查全球一级的进展,还将在区域和国家两级制定用于区域、国家和国家以下各级监测的指标。统计委员会的决定确认,制定强有力和高质量的指标框架是一个技术进程,需要耗费时间,并且随着知识的完善以及新工具和数据来源的出现,指标框架需要进行完善和改进。

十、落实联合国可持续发展目标评估的数据来源、区域分组和基线数据

统计委员会在汇编全球指标使用的估计数时，应与各国统计当局充分协商。统计司维护一个关于可持续发展目标各项指标可用的全球、区域和国家数据和元数据的数据库，该数据库是对《可持续发展目标进展报告》的补充。

会员国在《2030年可持续发展议程》中认识到，在没有基线数据的情况下，必须着手建立基线数据。

十一、联合国可持续发展目标指标的多级系统

可持续发展目标各项指标机构间专家组将统计委员会商定的指标暂时分为三级：

（1）第一级是有既定评估方法和可广泛获取数据的指标；

（2）第二级是有既定评估方法但数据密度不充分的指标；

（3）第三级是评估方法尚待完成的指标。

约60%的指标被暂时列为第一级、第二级，约40%的指标被列为第三级。可持续发展目标的第一份进度报告，主要依据的是被列为第一级或第二级的指标。

机构间专家组商定各级指标的最终分类办法，并与专门机构和专家协商，制订工作计划，确定第三级指标的评估方法。专家组还讨论改进了第二级指标密度的可用数据来源和评估方法，并定期审查第三级指标的评估方法。在完善数据的可取得性、明确新方法或各项目标之间的相互联系后，对评估方法进行进一步修改，并由统计委员会进行审查和核准。专家组还审查从国家到国际统计系统的数据流，以精简和优化报告机制。

2017年3月起，机构间专家组向统计委员会第48次会议提交完善和审查指标框架的计划。不过，要跟踪可持续发展目标的进展，需要在地方、国家、区域和全球各级收集、处理、分析并传播前所未有的大量数据，包括来自官方统计系统的数据，以及新数据和创新数据。

十二、评估数据的挑战和完善措施

1. 挑战

在一些地方，有关人民生活某些方面的准确和及时的信息依然不明，许多团体和个人依然不为人知，许多发展挑战得不到充分了解。

2. 完善措施

统计委员会在 2015 年 3 月商定设立《2030 年可持续发展议程》统计伙伴关系、协调和能力建设高级别小组。高级别小组的任务是推动国家自主掌握对实现《2030 年可持续发展议程》进展的监测，促进统计能力建设和伙伴关系协调。小组负责制订可持续发展数据全球行动计划，加强统计系统和实现现代化的路线图。路线图涉及编制和使用可持续发展数据的所有方面的问题，还能确定有效调动资源的新战略途径，以实现加强统计系统并实现现代化的目标。

各国需要在国家一级采用国际商定标准，加强国家统计能力，改进报告机制，以填补数据空白并提高国际可比性。同时，国际组织和区域机制在促进这一进程方面发挥着重要作用。

所有这些全球举措的成功，都需要各国加强能力建设，并探索新的数据来源和数据收集技术，包括为此与民间社会组织、私营部门和学术界建立伙伴关系。整合地理空间信息和统计数据对编制相关指标也非常关键。

十三、联合国可持续发展目标的实现前景 ①

1. 执行手段

发展筹资问题机构间工作组的年度报告阐述增列指标，用以监测落实第三次发展筹资问题国际会议的成果文件《亚的斯亚贝巴行动议程》。该文件包含支持《2030 年可持续发展议程》执行的具体政策和措施。

（1）《2030 年可持续发展议程》的执行和成功依赖于各国自身的可持续发展政策、计划和方案，并由各国主导。可持续发展目标将成为促使各国的计划与其全球承诺达成一致的指针。

---

① 参阅：联合国经济及社会理事会 2016 年 6 月 3 日发布的秘书长的报告《实现可持续发展目标进展情况》（E/2016/75）。该报告由于技术原因于 2016 年 7 月 5 日重发。

（2）开展由各国承担责任并主导的可持续发展战略，需要资源调动和筹资战略的配合。

（3）政府、民间社会组织和私营部门等所有利益攸关方都应为实现《2030年可持续发展议程》的各项具体目标做出贡献。

（4）需要在全球层面重新加强全球伙伴关系，为各国的行动提供支持。《2030年可持续发展议程》已经强调了这一点。

（5）《2030年可持续发展议程》也已经强调，多利益攸关方伙伴关系是动员所有利益攸关方参与执行该议程的战略的重要组成部分。

2. 进程与前景

国际社会认为，可持续发展目标的设立是大胆的，因为在17个大目标之内还设定了169个子目标，这是一个艰难却非常有价值的挑战。

在人类社会发展速度不断加快的同时，资源的浪费也在日益增长。仅以快递包装为例，人们往往是弃之不舍、留之无用，可以想象地球上每天要产生多少包装垃圾。一位学生曾在环境论坛上呐喊："如果再次面临净世洪水，人类将没有资格登上挪亚方舟！"

十四、中国对联合国千年发展目标的贡献

中国在联合国千年发展目标中达标或基本达标多项，并在脱贫方面贡献巨大。从1990年到2011年，中国约4.39亿人摆脱贫困。中国不仅如期完成脱贫目标，同时还为其他发展中国家提供了力所能及的帮助。时任联合国秘书长潘基文曾多次表示，没有中国的出色表现，千年发展目标的落实将无法达到这样的程度。

十五、中国对联合国可持续发展目标的贡献

2015年，中国国家主席习近平出席了联合国发展峰会，并在会上做出了中国在执行可持续发展目标方面的承诺。

习近平主席以"公平、开放、全面、创新"4个关键词阐明了中国的发展观，并提出重要倡议：要增强各国发展能力、改善国际发展环境、优化发展伙伴关系、健全发展协调机制。

此外，习近平主席还宣布了以下举措：

（1）中国将设立"南南合作援助基金"，首期提供 20 亿美元，支持发展中国家落实 2015 年后发展议程。

（2）中国将继续增加对最不发达国家投资，力争 2030 年达到 120 亿美元。

（3）中国将免除对有关最不发达国家、内陆发展中国家、小岛屿发展中国家截至 2015 年年底到期未还的政府间无息贷款债务。

（4）中国将设立国际发展知识中心，同各国一道研究和交流适合各自国情的发展理论和发展实践。

（5）中国倡议探讨构建全球能源互联网，推动以清洁和绿色方式满足全球电力需求。

（6）中国愿意同有关各方一道，继续推进"一带一路"建设，推动亚洲基础设施投资银行和金砖国家新开发银行早日投入运营发挥作用，为发展中国家经济增长和民生改善贡献力量。

（7）中国郑重承诺以落实 2015 年后发展议程为己任，团结协作，推动全球发展事业不断向前。[①]

第五节　全球环境治理的法律体制

联合国和各国政府一起努力管理地球村，制定和通过的相关法律体制分为两个部分：软法和硬法。

软法含三大部分：法律文书、政治宣言、大会决议。

硬法含三大部分：机构、资金、各国政府设置环保机构。

常有人质询，联合国的法条为何称为软法而非硬法呢？因为联合国没有警察或其他执法队伍，如果部分国家没有执行相关条例，联合国也无法对该国政府施加强制举措。

目前联合国还没有设置环境法法院。

位于海牙的国际法庭主要审议一些反人类罪行，诉讼流程也是由会员国之一提出诉讼再由国际法庭受理，而非由联合国官方主动发起。此外，国际法庭的审议还有一个先决条件，就是涉及的双方必须尊重、接受和执行国际

---

① 习近平在联合国发展峰会上的讲话. (2015-09-27)[2021-02-28]. http://news.cntv.cn/2015/09/27/ARTI1443302216282870.shtml.

法庭的判决结果。

一、全球环境治理的相关软法

1. 国际环境法律文书

（1）环境领域常用的法律文书

包括公约、议定书、修正案、备忘录，有双边与多边之分。

（2）联合国制定的多边环境协议

截至 2021 年年底，国际上有关环境问题的多边协议已达 240 多个，其中包括《联合国气候变化框架公约》《生物多样性公约》《蒙特利尔议定书》《鹿特丹公约》等。

2. 政治宣言

包括《人类环境宣言》《我们共同的未来》《里约环境与发展宣言》《我们希望的未来》等。

3. 大会决议

包括 1972 年斯德哥尔摩人类环境会议、1992 年里约环发会议、2002 年约翰内斯堡峰会、2012 年"里约 + 20"峰会、2015 年联合国发展峰会、2015 年巴黎气候变化大会等通过的决议。

二、国际条约的缔结、履约及其他

在当今国际社会，国际条约的缔结过程一般包含四个环节：谈判、签署、批准、交换或者交存批准书。

公约或议定书中有条款规定其生效的条件。如《蒙特利尔议定书》规定："本议定书应于 1989 年 1 月 1 日生效，但届时必须已有至少占控制物质 1986 年估计全球消费量三分之二的国家或区域经济一体化组织交存至少十一份批准、接受、核准或加入本议定书的文本，同时公约第十七条第一款的各项规定亦已履行。如果这些条件在该日尚未满足，则本议定书应于这些条件满足之日以后的第九十天生效。""在本议定书生效后，任何国家或区域经济一体化组织应于其交存批准、接受、核准或加入文书之日以后的第九十天成为本议定书的缔约方。"

公约或议定书生效后，各国开始着手其履约行动。我国一般会立法或制定行业规定，例如逐步限制或淘汰公约禁用的农药、化学物质等。我国对《蒙特利尔议定书》的履约最为规范，专门为此修建了履约大楼，并提前 5 年实现了相关指标，还为此专门淘汰了国内电冰箱用制冷剂氟利昂，更换了有关生产线，举措行之有效。

三、我国关于缔结或参加国际条约、协定的规定

缔结或者参加国际条约、协定，是一项严肃的工作，应当严格依照相关程序法规办理。为了及时办理国际条约、协定的批准、核准、加入、接受手续，应遵循如下规定。

（1）根据我国《宪法》（第六十七条）和《缔结条约程序法》（第七条）的规定，条约和重要协定签署后，由外交部或者国务院有关部门会同外交部，报请国务院审核；由国务院提请全国人大常委会决定批准；中华人民共和国主席根据全国人大常委会的决定予以批准。同时，根据《缔结条约程序法》（第十一条）的规定，我国加入重要的多边条约和协定，由国务院提请全国人大常委会做出加入的决定。

（2）通常情况下，全国人大常委会对条约做出批准决定或加入决定的区别如下：

• 如果我国政府已代表我国签署了某个条约或协定，或者某个条约或协定规定只有在缔约方完成批准程序后该条约或协定才生效，那么全国人大常委会需要对该条约或协定做出批准的决定。

• 如果某个条约或协定规定了有限的签署期，而我国政府在签署期内并没有签署该条约或协定，那么，要成为该条约或协定的缔约方，全国人大常委会就需要对该条约或协定做出加入的决定。

（3）特殊情况下，目前，许多规模较大的国际组织在本组织会员国大会上谈判通过的多边条约或协定，并没有为会员国设置签署程序，而且允许会员国依据各自的宪法程序，或根据各自对多边条约或协定谈判缔结过程的参与程度采取灵活的形式（如批准、加入、接受、核准等）成为该条约或协定的缔约方。

选择什么样的方式成为某个条约或协定的缔约方，可以反映一个国家对该条约或协定的态度。（我国《缔结条约程序法》规定，一定范围内的重要条约或协定必须由全国人大常委会做出批准或加入的决定，其他的条约或协

定则由国务院接受或核准。）

（4）依法应当提请全国人大常委会决定批准或者报请国务院核准的国际条约、协定，有关部门应当自签署之日起 3 个月内报送国务院；因特殊情况需要选择适当时机提请全国人大常委会决定批准或者报请国务院核准的，可以不受 3 个月期限的限制，但是在报送国务院时，应当说明原因。

对外承诺提请全国人大常委会决定批准或者加入时间的国际条约、协定，有关部门应当至迟在所承诺的期限届满前 2 个半月报送国务院。对外承诺国务院核准或者决定加入、接受时间的国际条约、协定，有关部门应当至迟在所承诺的期限届满前 1 个半月报送国务院。因特殊情况或者紧急需要，不能按照上述时限报送的，有关部门应当作为急件办理，并在报送国务院时说明理由。

四、全球环境治理的相关硬法

1. 机构

（1）成立联合国环境署

1972 年，联合国大会做出成立联合国环境署的决议。

（2）成立联合国可持续发展委员会

自 1993 年起，联合国每年在纽约联合国总部召开可持续发展委员会会议，我曾以中国代表团团长的身份出席了首次会议。会议每年的议题不同，我国代表团成员根据议题组团，请各部委推荐相应人选参团。行前要开数次预备会，商讨会议的议题并提出对案，草拟发言稿。

2012 年 6 月，联合国可持续发展大会决定，成立联合国可持续发展高级别政治论坛，取代可持续发展委员会。2013 年 9 月 20 日，委员会在结束其第 20 届会议的工作后被正式撤销。

（3）设置公约秘书处为缔约方大会服务

通常，公约秘书处会根据大会的要求，组织、协调、印发文件、提供法律咨询、准备公约文本、筹备大会、签约和生效后筹办缔约方大会等。

在公约谈判初始阶段，秘书处要筹备政府间专家委员会的谈判。第 1 次谈判委员会会议要选出由一位主席、三位副主席和一位报告员组成的主席团。

根据联合国规定，会前 6 个星期，秘书处需将联合国 6 种正式语言文本的文件发至会员国。

会议时间和地点由会员国自愿提出申办请求，在会下协商，之后以决议的形式在大会上通过。这些都由秘书处来操办。

2. 资金

除了成立全球环境基金外，根据 1992 年大会通过的指标，发达国家每年需拿出其国民生产总值的 0.7% 用于援助发展中国家。后经讨价还价的谈判，0.7% 的比例降为 0.3%。但至今大部分的发达国家仍未兑现承诺。

3. 各国政府设置环保机构

以中国为例，中国政府很早就对生态环境保护问题予以了关注，并设置了环境管理部门进行落实：

- 1974 年成立国务院环境保护领导小组办公室；
- 1982 年成立城乡建设环境保护部环境保护局；
- 1984 年成立部属国家环境保护局；
- 1988 年成立副部级国家环境保护局；
- 1998 年国家环境保护局升格为正部级国家环境保护总局；
- 2008 年成立环境保护部；
- 2018 年成立生态环境部。

五、公约秘书处和联合国环境署的关系

《联合国气候变化框架公约》《联合国防治荒漠化公约》是联合国整体层面的公约，单独设立秘书处，与环境署没有隶属或管理的关系。而如《生物多样性公约》秘书处、《维也纳公约》秘书处，以及《斯德哥尔摩公约》《巴塞尔公约》《鹿特丹公约》的秘书处的环境署部分则由环境署负责管理，包括任命主要官员等。

第六节　反思联合国　应对新挑战

一、抗击新冠，应对百年未有之大变局

2020 年 9 月，我在北京参加了一个高层论坛，曾任联合国第八任秘书长的潘基文、联合国常务副秘书长阿明娜·穆罕默德、一些国家前政要等嘉宾

在线上参会。我国国务委员兼外交部部长王毅出席并讲话。此外，论坛还邀请了相关领域的专家出席。

与会的一位国际问题专家提出，当下人类面临着六大挑战，其中最凸显的就是生命挑战，也就是席卷全球的新冠①疫情。根据当时的数据预计，全球新冠感染人数即将突破3000万，其中累计死亡人数80多万，但这位专家说，一些欧美研究所根据不断恶化的疫情形势预测，最终全球死亡人数可能达到6800万。会场一片哗然。这凸显了严峻的形势，是我们需要全力应对的生命挑战。

六大挑战中排在第二的是经济危机。由于新冠疫情的影响，危机不断加重，全球很多地方当时基本上经济已经停摆了，受影响最直接的旅游业要损失57%左右的收益，这是经济部门的危机。经济危机之后马上就会导致金融危机，并最终引起产业链危机。此外还有排在第五的能源危机。举个例子，全球旅游业、运输业受影响严重，飞机不飞了，汽车不走了，交通能源也没人购买了，因此引起了能源危机。最后是粮食危机，因为疫情和蝗灾等原因，世界粮食供应也存在非常大的压力。所以，我们面临的世界风雨如磐。

参会的一位外交部资深外交官说，除此之外，我们还面临着三大挑战，而挑战与机遇共存：第一是经济危机的应对，第二是人民生命安全的保障，第三是对霸凌行径的警惕。霸凌行径实际上就是指某些大国的行为，比如在疫情防治失控之后准备以各种方式转移他国的注意力、转移其国民的注意力，这点会很麻烦。

联合国成立已将近80年了。成立之初，大家的目标是保障50年内不再发生世界大战。到目前为止没有发生大的世界战争，但是局部战争还是时有发生。联合国的宗旨包括维持国际和平及安全，促成国际合作，增进并激励对于全体人类之人权及基本自由之尊重。人权既是弱者的武器，也可以成为霸权和战争的借口。前面提到的席卷全球的新冠疫情，也是人类面临的百年未有的灾难，因为对比整个二战期间全世界的死亡人数7000万，人类在抗疫作战中的伤亡状况令人担忧。

---

① 当时指新型冠状病毒肺炎，后更名为新型冠状病毒感染。

二、不受秩序约束的势力是否会影响我们的未来?

基辛格在《世界秩序》一书中讲到,虽然伴随着《威斯特伐利亚和约》的签订,人类开始形成以民族独立、民族解放为基础的世界秩序,近代国际体系也相应诞生,但实际上现在已经有很多其他的新秩序在冲击原有的旧秩序。在这种冲击之下,诸如核武器扩散、生态破坏等行为,暂时处于一个监管真空地带,受国际组织和旧秩序的制约较弱。问题就在于,未来是否会出现赢得全球普遍共识的新国际秩序,以制约目前野蛮生长的一些势力的发展?

因此,包括 2020 年 9 月召开的第 75 届联合国大会,也一直在呼吁要践行多边主义。为什么以往多边主义没有像现今这么被强调?就是因为各国已经切身地感受到这种威胁。我们无法准确预测未来,但是我们能够做的,特别是年轻一代能够做的,就是在有可能的情况下,通过自己的努力或影响其他人努力,让这个世界朝好的方向发展。

第 75 届联合国大会召开前,媒体采访联合国秘书长古特雷斯时问:"您希望让世界领导人和大众从这次联合国大会中得到什么?"古特雷斯回答:"在我希望让世界得到的众多事情当中,如果必须按照优先排序,那么第一,让我们确保全球停火;第二,让我们确保我们拥有的新冠疫苗将是全球公益疫苗、全民的疫苗,以应对威胁人类的新冠挑战;第三,让我们确保当我们重建我们的经济时,我们所做的一切是为了在 2050 年达到碳中和。"同时,古特雷斯还对当代世界青年寄予了厚望:"年轻一代比我们这一代更具有国际视野。他们觉得解决问题的方法应当具有普遍性。他们明白我们需要团结在一起。因此,他们明白我们需要更强大的多边主义,但多边主义也是人民的多边主义,他们可以在其中参与决策。年轻人致力于全民健康覆盖等理念,同时,气候行动、性别平等、社会公平与平等、反对种族主义等领域也有年轻人的积极参与和作为。这是我对我们共同的未来怀有的最大希望。"

三、后疫情时代联合国的作用

党的十九届五中全会公报中提到,全党要统筹中华民族伟大复兴战略全局和世界百年未有之大变局,深刻认识错综复杂的国际环境带来的新矛盾新挑战,增强机遇意识和风险意识,保持战略定力,发扬斗争精神,树立底线思维,准确识变、科学应变、主动求变,善于在危机中育先机、于变局中开新局，抓住机遇，应对挑战，趋利避害，奋勇前进。[①] 这种对世界形势的深切关注、对未来趋势的敏锐把握以及对发展前景的深刻思考，都是非常必要且难得的。

2021年9月21日，习近平主席在北京以视频方式出席第76届联合国大会一般性辩论并发表重要讲话，他针对疫情肆虐的形势指出："我们必须完善全球治理，践行真正的多边主义。世界只有一个体系，就是以联合国为核心的国际体系。只有一个秩序，就是以国际法为基础的国际秩序。只有一套规则，就是以《联合国宪章》宗旨和原则为基础的国际关系基本准则。"[②] 面对百年未有之大变局，坚持多边主义，维护联合国权威，显得比以往任何时候都重要。这应该是中国参与后疫情时代联合国改革讨论的指导思想。

面对席卷全球的新冠疫情，人类社会对世界新格局必会以一种不断调整、适应的能动性来应对。对联合国在疫情防控中的作为，对联合国在全球治理中的作用及其今后的改革，国际社会正在反思。

---

① 中国共产党第十九届中央委员会第五次全体会议公报．（2020-10-29）[2022-03-21]. http://www.gov.cn/xinwen/2020-10/29/content_5555877.htm.

② 习近平在第七十六届联合国大会一般性辩论上的讲话（全文）．（2021-09-22）[2022-03-21]. https://www.ccps.gov.cn/xxsxk/zyls/202109/t20210922_150601.shtml.

第三章　国际环境公约与中国

第一节　全球治理催生国际环境公约

自 20 世纪 70 年代全球环境治理进程开启以来，国际社会逐步意识到，要解决跨界的全球性环境问题，没有哪一个国家是能够包打天下的，必须开展国际合作。此后，全球环境治理也逐步走向制度化和机制化。这主要体现在各国的环境机构力量不断得到加强，有关的国际环境公约不断形成，环境立法日臻完善。截至 2021 年年底，关于国际环境问题的多边协议已达 240 多个，涉及的领域有气候变化应对、生物多样性保护、化学品管理、海洋资源保护、渔业等领域。这些国际环境公约已成为全球环境治理的重要手段。

随着国力的增强，中国在国际环境事务上的作为日益凸显。自 1972 年以来，中国一直在国际环境与发展进程中发挥积极的作用。到 2021 年年底，中国已批准或加入了 36 项与环境有关的多边公约和议定书，主要有《生物多样性公约》及其《生物安全议定书》，以及《联合国气候变化框架公约》《蒙特利尔议定书》《鹿特丹公约》《斯德哥尔摩公约》和《控制危险废物越境转移及其处置巴塞尔公约》（简称《巴塞尔公约》）等。

在过去半个世纪里，中国积极参加多边环境公约和议定书的谈判，认真负责地落实履约工作，在公约谈判中涉及制定规则、承担义务和维护发展等方面积极参与，得到了广大发展中国家的好评。在公约谈判过程中，中国主动与其他发展中国家沟通，旗帜鲜明地坚持"共同但有区别的责任"这一原则，敦促发达国家向发展中国家提供资金和技术援助，有力地维护发展中国家的利益。

在国内履约方面，中国负责任地承担起了承诺的义务，以可检测、可评估的履约实际行动，为改善全球环境质量做出了应有的贡献。以臭氧层保护为例，在《维也纳公约》及《蒙特利尔议定书》框架下，在蒙特利尔多边基金的支持和中国政府各个部门的协同努力下，中国在消耗臭氧层物质生产企业的关闭、消耗臭氧层物质的淘汰、替代品的生产和政策法规建设等方面取得了重大进展，消耗臭氧层物质的淘汰量超过了发展中国家总淘汰量的50%，成为对全球臭氧层保护贡献最大的国家，得到了国际社会的广泛认可。

受篇幅所限，下文将择要论述中国参与两个有关国际环境公约、议定书的谈判和履约的情况。

第二节　《维也纳公约》《蒙特利尔议定书》与中国的行动

一、《维也纳公约》与《蒙特利尔议定书》

自 20 世纪 70 年代以来，无论是在奥地利维也纳、加拿大蒙特利尔，还是在中国北京，从联合国的高级官员、获诺贝尔奖的科学家，到各国的政要，不分肤色、不分国籍、不分民族，人们都在为一个共同的使命而奔走努力——保护臭氧层，拯救人类，拯救地球。

在国际社会的共同努力下，1985 年 3 月 22 日，《维也纳公约》在维也纳得以通过。《维也纳公约》以当年国际社会对臭氧层变化的各种因素的理解为基础，旨在以下三个方面做出努力：一是要重视臭氧层消耗问题；二是为解决臭氧层消耗问题做出全球性承诺；三是为解决臭氧层消耗问题确定具体程序。公约的通过标志着国际社会开始了保护臭氧层的统一行动。该公约于1988 年 9 月 22 日生效。中国于 1989 年 9 月 11 日加入该公约，1989 年 12 月10 日该公约对中国生效。

1987 年 9 月 16 日，《蒙特利尔议定书》的最后文件在蒙特利尔得以通过，规定了消耗臭氧层的化学物质生产量和消耗量的限制进程，这标志着国际社会的认识渐趋一致，并开始联合行动。受控制的化学物质是氟氯烷烃和氟溴烷烃两类。我作为中国政府代表在最后文件上签字。该议定书于 1989 年 1 月 1 日生效。日后，为了纪念该议定书的签署，联合国将 9 月 16 日定为"国际保护臭氧层日"。

2009 年 9 月 16 日，《维也纳公约》和《蒙特利尔议定书》成为联合国历史上首批获得普遍批准的条约（即联合国所有会员国都批准了）。

《蒙特利尔议定书》的核心内容是做出了 6 项规定。第一，规定了受控物质的种类。受控物质在《蒙特利尔议定书》中以附件的形式表示，分为 A、B、C、D、E 等 5 个附件。第二，规定了控制基准。控制的内容包括受控物质的生产量和消费量。第三，规定了受控物质淘汰时间表。议定书第二条规定了控制措施即各受控物质的逐步淘汰时间表，时间表的进程是分别按附件的各组物质确定的。发达国家和发展中国家的淘汰时间表不同，发展中国家的淘汰时间表比发达国家的相应推迟 10 年。第四，规定了对贸易的控制。为了限制贸易中消耗臭氧层物质的进出口，议定书于 1997 年做了修正，要求各缔约方建立消耗臭氧层物质进出口许可证制度。第五，规定了报告数据的义务。议定书第七条规定：各缔约方应在每年 9 月 30 日前向臭氧秘书处报告其消耗臭氧层物质生产量、进口量和出口量数据。第六，建立了运行机制。该议定书建立了以缔约方大会为最高决策机构的运行机制，规定了议定书的调整和修订程序，确定每 4 年进行一次评估、建立多边基金等。

为了强化《蒙特利尔议定书》的实施效果，到 2017 年，该议定书已经过了 5 次修正和 5 次调整。其中，1990 年的《伦敦修正案》是该议定书非常重要的一个修正案。该修正案确定了建立基金机制以及确保国家间以最优惠的条件进行技术转让的原则。之后还有 1992 年的《哥本哈根修正案》、1997 年的《蒙特利尔修正案》、1999 年的《北京修正案》、2016 年的《基加利修正案》。

为了确保公约和议定书得到有效执行，现行的运行机制和资金机制如下：

（1）缔约方大会

《维也纳公约》缔约方大会每 3 年召开一次，《蒙特利尔议定书》缔约方大会每年召开一次，同年时，两者一起召开。缔约方大会是该公约和议定书的最高决策机构，大会通过的有关决议对缔约方有法律效力。缔约方大会审议公约和议定书的执行情况，评估控制措施，决定必要用途的豁免，视情况对公约和议定书的调整或修正做出决定并审议所有旨在实现公约和议定书宗旨的各项行动。

（2）多边基金

这个基金是《蒙特利尔议定书》的资金机制。管理基金的是多边基金执行委员会（简称"执委会"），负责监督多边基金的运行。执委会由 7 个发达国家代表和 7 个发展中国家代表组成，成员每年由缔约方大会选定，主席在发达国家和发展中国家之间轮换。负责实施多边基金项目的有 4 个联合国机构：联合国环境署、联合国开发计划署、联合国工业与发展组织和世界银行。秘书处设在蒙特利尔，协助执委会进行日常管理工作。多年的实践证明，多边基金是保证议定书成功实施的一个非常有效的资金机制。它体现了发达国家和发展中国家共同但有区别的责任，在务实地解决全球环境问题方面树立了典范。

（3）臭氧秘书处

《维也纳公约》和《蒙特利尔议定书》共有的秘书处称作臭氧秘书处，办公地点设在位于内罗毕的联合国环境署总部。

二、中国在谈判会上的贡献

下面介绍一下中国代表团在保护臭氧层国际谈判会议上所做的部分贡献。

1987 年 9 月，联合国环境署在蒙特利尔召开了"保护臭氧层公约关于含氯氟烃议定书全权代表大会"，24 个国家签署了《蒙特利尔议定书》最后文件。《蒙特利尔议定书》规定对 5 种氟氯烷烃和氟溴烷烃的生产和消费实行控制，然而由于其中某些条款对发展中国家提出了苛刻的要求，中国和其他发展中国家强烈要求对此进行修正与调整。

1989 年 5 月，在芬兰赫尔辛基举行的第 1 次缔约方大会上，中国代表团提出了第 1 次大会的第 1 号议案。议案主要针对两个问题：一是发达国家和发展中国家在淘汰时间表上必须有所区别；二是发展中国家的淘汰工作必须得到发达国家的资金和技术支持。

一些发达国家对此态度强硬，他们认为，在建立基金问题上，根据"污染者付费"原则，发达国家和发展中国家都要拿出资金，统一按照每千克 1 美元的治理费用建立基金；同时要求发展中国家的淘汰时间表要与发达国家同步，在 1997 年 1 月 1 日即停止消耗臭氧层物质的生产和使用。

发达国家提出的貌似公允的议案遭到了中国和其他发展中国家的强烈反

对。由于技术进步,发达国家在消耗臭氧层物质的生产和使用中已经获利甚丰。而发展中国家则不同,生产和使用消耗臭氧层物质的企业才刚刚起步。从当时来看,1986 年全世界消耗臭氧层物质的消费量总计达 120 万吨,其中占世界人口 23% 的发达国家的消耗量竟占到了 84%;而占世界人口 77% 的发展中国家的消耗量却只有 16%(当时美国每年人均消耗臭氧层物质的消费量达 1.2 千克,中国人均消费量仅为 0.03 千克)。要求同时淘汰,就意味着发展中国家的经济利益将遭受巨大的损失。而发达国家由于已经生产和排放了大量的消耗臭氧层物质,它们才应当是破坏臭氧层的主要责任人。

(1)伦敦会议情况

1990 年 6 月,由国家环保局、外交部、轻工部、机械部、内贸部、公安部等部门组成的中国代表团参加了在伦敦召开的议定书缔约方第 2 次大会。中国政府公正合理的建议不仅得到了其他发展中国家的支持,北欧和西欧国家,以及日本等一些发达国家也先后表示理解,时任联合国环境署执行主任穆斯塔法·托尔巴更是全力支持。

然而,中国政府合理的要求也遭到了一些国家的非议。西方国家有报道说,中国不参加议定书是为了无限制地生产消耗臭氧层物质,照这样估算,到 2000 年,中国消耗臭氧层物质的消费量将达到 30 万吨,而当时中国的消费量只有 4 万多吨。来自各方面的压力没有左右中国代表团的态度。在会议期间,中国代表团特意举行了新闻发布会,表明了中国政府愿意在公正合理的条款下加入议定书的决心,对不负责任的谣言进行了澄清。

在中国和其他发展中国家的强烈呼吁下,在保护人类生命安全的大前提下,会议最终确定了"共同但有区别的责任"这一原则,通过了《蒙特利尔议定书(伦敦修正案)》。该修正案建立了基金机制,确保技术转让在有利条件下进行;对不利于发展中国家的条款进行了修正。1991 年 6 月,在内罗毕举行的缔约方第 3 次大会上,中国正式加入了该修正案。

《蒙特利尔议定书》最后文件于 1987 年通过,该议定书主要是为了执行《维也纳公约》的规定,限制并最终取消消耗臭氧层物质的生产与消费,修正的关键是资金援助和技术转让问题。在 1989 年 3 月举行的保护臭氧层伦敦会议上,中国与其他发展中国家建议设立保护臭氧层基金,以资助发展中国家减少并最终取消消耗臭氧层物质的生产与消费。该建议得到了大多数发达国家的赞同与响应。为此,联合国环境署召开了 3 次 6 期的工作组会议,就基金机制和技术转让问题进行了具体研究。中国派代表出席了会议并与其他发展中国家一起提出了许多建设性意见，多数被采纳。在会上，中国代表表明了中国政府对保护臭氧层问题的积极态度，表示中国愿意为保护全球环境做出贡献。在加入《维也纳公约》后，中国积极慎重地参加了议定书的修改工作，与联合国环境署共同研究，提出了中国国别研究初步报告，确认为实现逐步减少消耗臭氧层物质的生产和消费，头三年需要国际资助4100万美元；同印度等主要发展中国家协调立场，积极维护本国及其他发展中国家的利益，争取把对自身不利的条款减少到最低程度，删去议定书中贸易、退出和表决权等方面对发展中国家不利的歧视条款，力争落实建立保护臭氧层基金的有关规定，确保发达国家以优惠的条件向发展中国家转让有关技术，明确发展中国家履行议定书应以发达国家履行基金规定和技术转让等义务为前提。

为进一步加快受控物质的削减，并为发展中国家执行议定书创造有利条件，联合国环境署召开了多次会议，对议定书进行了较全面的修改：

1）修正的议定书使受控物质从原来的8种增加到了20种，而且规定，发达国家缔约方，除有关氯乙烷物质的消费时限可延长到2005年外，上述20种受控物质中的其他物质在2000年1月1日停止消费。

2）以法律的形式确定了建立保护臭氧层的国际资金机制，为发展中国家缔约方实现对消耗臭氧层物质的控制措施提供帮助。这个机制包括一个多边基金，由发达国家中的缔约方捐款筹资，这为发达国家与发展中国家在环境领域中的国际合作树立了典范。

3）发达国家应配合资金机制，采取一切实际可行的步骤，以公平和最优惠的条件向发展中国家缔约方迅速转让替代品和有关技术，发展中国家执行控制措施的能力将取决于财务资助和技术转让的有效实行程度。以上修改是发展中国家团结一致、艰苦努力所取得的成果。

4）在表决程序、非缔约方贸易及退约等条款中删去了对发展中国家歧视或明显不利的条款，充分展示了发展中国家在环境立法领域中的胜利。

5）保留了原议定书第五条第一款的规定，即任何发展中国家在议定书生效后的10年内，每年氟氯烷烃和氟溴烷烃消费量应少于平均每人0.3千克；发展中国家为了满足国内的基本需要，有权暂缓执行控制措施进度。

由此可见，经修正的议定书比原来的有了较大的改进，更有利于发展中国家，也为更多的发展中国家加入经修正的议定书创造了必要的条件。

（2）中国加入经修正的议定书的理由

中国政府决定加入议定书是经过反复研究与论证，权衡利弊后做出的，具体地说有以下几方面具体的理由：

1）臭氧层破坏是重大的全球环境问题，各国政府对此都极为重视，逐步减少或停止消耗臭氧层物质的生产和消费是大势所趋。中国于 1989 年 9 月加入《维也纳公约》，加入议定书将更好地树立中国在保护臭氧层这项重大全球环境行动中的形象。

2）中国曾提出建立保护臭氧层基金、在公平优惠条件下确保向发展中国家转让有关技术、删除不利于发展中国家的条款等 3 个条件。经过中国与其他发展中国家的共同努力，在修正后的议定书中，上述 3 个条件都已经基本落实。

3）有利于争取外援和对外贸易。我们可以利用建立的资金机制，争取基金资助与有关技术转让。有利于积极开展环境外交。议定书虽然有了较大的改进，但是发达国家与发展中国家在保护臭氧层问题上的分歧尚未解决，如果以缔约方的身份出现，则更有利于团结发展中国家，同发达国家进行谈判。

联合国以"文山会海"著称。关于保护臭氧层的国际会议和谈判，每次谈及的议题有所侧重，而中国代表团在进行参会的预案准备时，基本套路大致包括阐述参会的背景、针对会议所涉主要议题拟定中方谈判的基本立场等。

三、中国成功承办缔约方大会

在发达国家淘汰主要消耗臭氧层物质后，中国成为全球消耗臭氧层物质最大的生产和消费国，因此在消耗臭氧层物质淘汰方面的行动备受关注。到 1998 年，中国已从多边基金获得了近 2.4 亿美元的资助，实施了 200 多个消耗臭氧层物质淘汰项目。1999 年《维也纳公约》和《蒙特利尔议定书》缔约方大会正逢 2000—2002 年多边基金增资谈判，主办这次缔约方大会有助于中国政府通过谈判争取好的结果，对之后 3 年的资金需求至关重要。同时，在中国召开缔约方大会对中国消耗臭氧层物质淘汰工作和保护臭氧层工作将有较大的推动，也可为中国树立良好的国际形象做出贡献。这是中国愿意主办第 11 次缔约方大会的背景原因和出发点。

1999 年 11 月 29 日至 12 月 3 日，第 5 次《维也纳公约》缔约方大会及第

11次《蒙特利尔议定书》缔约方大会在北京召开。这是当时我国政府承办的规模最大、层次最高的国际环保会议。公约和议定书各缔约方和观察员国家代表、具有观察员地位的国际组织代表、联合国有关机构代表、与保护臭氧层关系密切的其他政府和政府间组织代表，以及非政府组织代表出席了此次会议。

（1）会议基本情况

这次会议共有213个国家和国际组织的约1000名代表参加，其中有126个国家的政府代表455人，其中副部长级以上的代表48名。

经国务院批准，以国家环境保护总局局长解振华为团长，由国家环境保护总局、外交部、财政部等有关单位组成的中国代表团参加了这次会议。

会议分为两个阶段：第一阶段为预备会议，第二阶段为高级别会议。在12月2日上午举行的高级别会议开幕式上，中国国家主席江泽民发表了重要讲话。会议期间还举行了保护臭氧层技术及产品国际展览会和多边基金执委会会议。会议期间，中国代表团广泛开展了交流和协调活动。

在为期5天的会议中，代表们围绕进一步保护臭氧层的具体问题进行了磋商。会议讨论了多边基金2000—2002年的增资额、甲基溴豁免使用标准等问题，调整了一些受控物质的淘汰时间表。各国代表求同存异，最终达成了一致意见。

（2）会议成果

1）通过了《北京宣言》。在12月3日召开的全体会议上，缔约方代表一致通过了《北京宣言》。《北京宣言》有助于树立中国良好的国际形象，特别是在世纪之交和《赫尔辛基宣言》通过10周年之际，《北京宣言》具有继往开来的历史意义。

《北京宣言》还对削减臭氧层物质具有积极推动作用。尽管在这之前的10年里臭氧层保护事业取得了可喜进展，但是各国的义务的履行依然相当艰巨。宣言中明确提出"呼吁非第五条缔约方按照议定书的规定，继续保持足够的资金并推动与环境有益的技术的迅速转让，帮助第五条缔约方履行其义务"。这一条款既强调了发达国家在资金和技术转让方面应该承担的责任，也表明了发展中国家履行其义务的条件。《北京宣言》的一致通过，表明各国在国际环境合作方面达成了共识，必将促进臭氧层保护事业的进一步发展。

2）增资谈判达到预期效果。这次会议要确定2000—2002年多边基金的增资额度，就此发达国家与发展中国家展开了激烈的争论，最终达成了一致意见：2000—2002年多边基金增资额为4.75亿美元，能够满足"第五条缔约方"实现2005年削减目标的资金需求。

3）维护了发展中国家的利益。欧盟向这次大会提出了议定书修正案，主要内容是扩大受控物质范围，提高受控措施的要求，加快淘汰消耗臭氧层物质的进程。例如，"第五条缔约方"应在2016年将其氟氯烃类物质的生产冻结在其2015年生产和消费的平均水平上。欧盟还主张在增资增款中增加一定比例的减让性贷款。这些要求超出了发展中国家当时的履约能力，增加了额外负担，所以受到了大多数发展中国家的抵制。

4）通过了《蒙特利尔议定书（北京修正案）》。会议在欧盟所提建议的基础上，通过各方斗争和妥协，最后通过了《蒙特利尔议定书（北京修正案）》。该修正案对受控物质的淘汰进程提出了更高的要求，增加了新的受控物质。该修正案是一个各方协商和妥协的结果。它在推动和加快发达国家受控物质淘汰进程的同时，也使发展中国家的履约行动面临更为艰巨的挑战。

四、中国的履约行动

中国于1989年9月11日加入了《维也纳公约》，1989年12月10日公约对中国生效。

中国于1991年6月14日加入了《蒙特利尔议定书（伦敦修正案）》，1992年8月10日议定书对中国生效。加入议定书后，中国政府成立了由国家环保局牵头、18个部委参加的跨部门履约协调机构——国家保护臭氧层领导小组，负责履约重大问题的决策，并成立了履约管理办公室，负责履约活动的日常管理和国际援助项目的组织、管理和协调。国家环保局于1992年组织相关部门制定了《中国逐步淘汰消耗臭氧层物质国家方案》，1993年年初经国务院批准后实施。1999年该国家方案经修订，报国务院批准后实施。

根据国家方案制定的分行业淘汰战略，中国在化工生产、消防、家电工商制冷、汽车、泡沫、清洗、烟草、气雾剂、农业、粮食仓储等行业分步骤开展了消耗臭氧层物质淘汰工作。与此同时还制定了气溶胶、泡沫塑料、家用冰箱、工商制冷、汽车空调、哈龙灭火剂、电子零件清洗、受控物质生产等8个行业的逐步淘汰受控物质的战略研究，并得到了多边基金执委会的批准。这些政策和措施为中国控制消耗臭氧层物质的生产和消费增长，促进替代品和替代技术的研制、开发和推广，加快多边基金项目的实施起到了积极作用。

到 2018 年，中国在淘汰消耗臭氧层物质方面取得了长足进展。已实现消耗臭氧层物质生产、使用和进出口全过程管理；实施了 31 个行业计划，对上千家企业开展了消耗臭氧层物质的淘汰和替换。累计淘汰消耗臭氧层物质约 28 万吨，占发展中国家淘汰量的一半以上。

2021 年 4 月 16 日，中国宣布接受《蒙特利尔议定书（基加利修正案）》。2021 年 6 月 17 日，中国常驻联合国代表团向联合国秘书长交存了中国政府接受《蒙特利尔议定书（基加利修正案）》的接受书。该修正案于 2021 年 9 月 15 日对中国生效。

以上的数据和事实彰显出中国在保护臭氧层及履约方面所付出的艰苦卓绝的努力，为全球臭氧层保护做出了卓越的贡献。这些行动彰显了中国政府是个负责任、有担当的政府，中国人说话是算数的。中国的履约行动在国际上受到了广泛的、毫无争议的认可和好评。

中国政府在保护臭氧层、履行议定书义务方面，采取的主要管理措施如下：

（1）颁布并严格执行《消耗臭氧层物质管理条例》，指导规范整个消耗臭氧层物质淘汰活动。

（2）加强宏观调控，国家环保部门与发展改革委协调，将有关消耗臭氧层物质生产项目列入了国家产业结构调整目录的淘汰类或限制类，将消耗臭氧层物质替代项目列入了鼓励类。推动绿色低碳替代技术开发和应用。

（3）加强对淘汰活动的管理和监督，形成中央、地方、各部门共同参与、协调一致的统一行动。有序推动淘汰工作，分步骤确定受控物质淘汰时限，优化项目实施模式。

（4）增加消耗臭氧层物质替代研发的投入，确保多边基金高效合理的使用。

第三节　《鹿特丹公约》与中国的贡献

过去半个世纪以来，随着化学品生产和贸易的大幅增长，各国政府、公众还有联合国环境署、联合国粮农组织对危险化学品和农药的危害越来越重视。其中，因这类物品而受损害最大的还是包括中国在内的广大发展中国家。

由于国际社会的关注和呼吁，联合国环境署和联合国粮农组织自 20 世纪 80 年代中期开始推行自愿性信息交流方案。粮农组织于 1985 年制定了《国际农药供销与使用行为守则》；环境署于 1987 年出台了《关于化学品国际贸易资料交流的伦敦准则》。1989 年，环境署和粮农组织共同发布了事先知情同意程序，使各国政府在这一程序下获得了其所需的关于危险化学品的信息，提高了对危险化学品进行危害评估的准确性，从而加强了对管控进口化学品的决策能力。

1992 年，在巴西里约热内卢召开的联合国环境与发展会议通过了《21 世纪议程》，呼吁在 2000 年前通过关于采用事先知情同意程序的具有法律约束力的文书。据此，粮农组织理事会和环境署理事会分别于 1994 年和 1995 年授权总干事和执行主任联手启动一项有法律约束力的国际文书的谈判。这是我在环境外交职业生涯中参与的另一个多边环境公约的谈判。

1998 年 9 月 10 日，在荷兰鹿特丹召开的外交全权代表会议上，《鹿特丹公约》最后文件获得通过，并开放签署。我作为中国政府代表签署了这份文书。

《鹿特丹公约》于 2004 年 2 月 24 日生效。经国务院批准，我国常驻联合国代表于 1999 年 8 月 24 日签署了《鹿特丹公约》。2004 年 12 月 29 日，全国人大常委会正式批准加入公约，公约于 2005 年 6 月 20 日对我国生效。

一、《鹿特丹公约》的主要内容

（1）缔约方在进行国际贸易时，应对《鹿特丹公约》管制的危险化学品和农药采用事先知情同意程序，即只有在得到进口国主管部门的同意后，才能出口这些产品；同时规定了出口和进口这些产品的相关义务。

（2）缔约方应指定国家主管部门执行事先知情同意程序，国家指定的主管部门应履行相应的职能。

（3）规定了将化学品列入《鹿特丹公约》所附的管制清单（即适用事先知情同意程序的化学品清单，简称 PIC 清单）及将其从清单中删除的条件和程序。

（4）规定了各缔约方将本国禁用或严格限用的化学品、极为危险的农药制剂通知《鹿特丹公约》秘书处的程序和资料要求。

（5）缔约方应向发展中国家提供技术援助。

（6）缔约方之间应开展资料交流。

PIC 清单是开放性的，公约通过时列有 27 种化学品和农药，包括 5 种工业化学品、17 种农药和 5 种极为危险的农药制剂。自 2004 年公约生效以后，又有 14 种产品被增列到清单中。

《鹿特丹公约》的核心是要求缔约方在国际贸易中对受该公约管制的化学品执行事先知情同意程序，并不禁止缔约方对列入 PIC 清单的化学品开展国际贸易，由各缔约方政府根据本国国情决定是否对列入 PIC 清单的化学品采取诸如禁止生产、使用、进出口等管制行动。

二、《鹿特丹公约》的运行机制

《鹿特丹公约》的最高权力和决策机构是缔约方大会。根据缔约方大会的议事规则，前三次缔约方大会为每年举行一次，此后改为两年举行一次。第 1 次缔约方大会于 2004 年 9 月在瑞士日内瓦召开。

第 1 次缔约方大会决定设立化学品审查委员会作为附属机构。该委员会由缔约方大会在公平地域分配的基础上任命的 31 名化学品管理领域的专家组成，其主要职责是根据公约有关附件的要求对各缔约方提交的关于某些化学品的最后管制行动通知进行审查，并向缔约方大会提出关于这些化学品是否应列入 PIC 清单的建议。原则上该委员会每年举行一次会议。

第 1 次缔约方大会还决定设立普通信托基金和特别信托基金。普通信托基金由各缔约方按比额缴纳的会费组成，为秘书处的工作提供资金支持。特别信托基金由各缔约方在会费之外自愿缴纳的捐款以及非缔约方、其他国际组织等捐款组成，主要用于推进能力建设、技术援助和培训，资助发展中国家代表参加会议以及与公约目标一致的其他事项。

三、关于议事规则的讨论

议事规则实质上就是游戏规则，这是各类国际问题谈判会首先面临的议题。为制定整个谈判的议事规则，PIC 政府间谈判委员会的第 1 次会议设立了一个工作组，中国自始至终参加了该工作组的活动。谈判的焦点集中在三个方面：第一，欧盟的地位。欧盟认为，其是粮农组织的成员，应以参加方名义具有完全的谈判地位或参加资格，并应享受除其会员国以外的额外投票权。中国、美国、伊朗和加拿大反对这种要求，认为这一谈判是环境署与粮农组织共同主持的，欧盟不是环境署成员。在环境署框架下，若无特别安排，欧盟既无谈判地位、参加资格，更无投票权，最多只能以观察员身份参加谈判。经反复磋商，工作组同意参照粮农组织理事会议事规则和联合国跨界鱼类与高度洄游鱼类会议议事规则，确定欧盟具有谈判地位、参加资格，但在行使投票权时，则视欧盟为一票，不应因欧盟是个国家集团而增加欧盟投票的数量。同时，有些权利规则的引用对欧盟无效，否则就对其会员国无效。第二，语言问题。日本代表团再次以财政资源紧缺为由，提出应减少会议工作语言。经中国和其他代表团反对，未被会议采纳。第三，关于表决机制。各方分歧不大，循已有环境条约表决机制，即实质性事项尽可能达成一致，不能一致时，三分之二多数决定，程序性事项则简单多数决定。关于某一事项是否为程序性或实质性事项出现分歧时，则视所涉事项为实质性事项，由三分之二多数决定。

四、关于国际文书要点的讨论

与会代表认为，鉴于当时国际上有大量有毒化学品和农药进入市场，且生产和使用量与日俱增，对人体健康和环境造成了有害影响，各国政府都有权考虑其需要，分析使用化学品和农药的效益与危害，并拟定自己的化学品和农药政策。因此与会代表一致认为，为了保护人体健康，使其免受某些化学品和农药的有害影响，有必要制定一项在国际贸易中对某些危险化学品采用事先知情同意程序的具有法律约束力的国际文书。

会议期间，与会代表重点讨论了文书的范围，研究了列入事先知情同意程序化学品的名单和标准等问题：

（1）关于文书管辖范围。会议就 PIC 文书的范围进行了充分的讨论，涉及文书范围的主要内容和意见包括被禁止或严格限制的化学品。多数国家的代表同意出于健康和环境原因，在本国内通过管制性措施加以禁止或严格限制使用的化学品应包括在该文书的范围之内。我国代表认为，被禁止或严格限制的化学品应包括出于环境和健康两方面的原因而采取这类控制措施的工业化学品和杀虫剂。会议对这类杀虫剂是否应包括在文书的范围内进行了认真的讨论。多数国家认为应认真注意这类杀虫剂，同时要求做进一步的工作确定这类杀虫剂是否应包括在该文书的范围之内。我国代表认为，至少其中的一部分危险性大的杀虫剂应受文书的管辖。关于《巴塞尔公约》，多数国家认为该文书不应与其他国际公约重复，但其控制的化学品废物也许不能完全包括所有的危险化学品废物。因此，那些属于 PIC 程序的化学品，其废物又不在《巴塞尔公约》控制范围的则应受 PIC 文书管辖。大会建议不受 PIC

文书管辖的化学品主要有：为研究或分析目的进口的化学品，且未达对环境和人体健康造成问题的数量；作为个人或家庭日用品进口的化学品，且未达对环境和人体健康造成问题的数量；放射性物质；医用或兽医用化学品；化妆品。

（2）关于如何确定列入事先知情同意程序的化学品和农药清单。会议代表就这一重要议题进行了认真的讨论。大家一致认为：确定列入 PIC 清单的有关程序应具有透明性、可行性和合理性。必须首先明确制定相应的标准，以商定的程序来进行选择。这一清单还应具有灵活性，可以通过一定的程序对其进行修订和增列。代表们普遍认为，可作为列入候选 PIC 清单的化学品和农药应包括以下两种：禁用和严格限用的化学品。即如果有出于健康或环境原因而被某国禁用或严格限用的化学品，符合既定的确定标准，其中包括风险评估等，应将其列入候选名单。在发展中国家使用时发生问题的危险农药制剂必须依据记载在案的有关问题事件来确定。各国或有关国际组织可以提供这些农药名单，同时应提供有关资料证明，其中主要是有关农药的名称、有关证据和问题的说明、使用范围和方法、一些其他有关资料如预防和减少危害的措施等。会议还提出了确定 PIC 清单的拟议程序和专家审议组的拟议组成办法、职能及任务。

五、中国贡献

《鹿特丹公约》对中国正式生效后，为严格管理和控制危险化学品和农药的进出口，中国政府积极参与公约谈判，建立了有效的管理机制，为履约奠定了良好的基础。

国家环保部门是国务院授权的公约谈判牵头部门，其组织外交部、财政部、农业部、商务部、海关总署、化工部等各有关部门组成的中国政府代表团参加了该公约的政府间谈判委员会历次会议，我国的立场在公约文本中基本得到了体现。

1996 年 3 月 11 日至 15 日，中国代表团出席了在比利时布鲁塞尔召开的该公约 PIC 政府间谈判委员会的第 1 次会议。会议主要议题有 2 个：议事规则和事先知情同意程序具有法律约束力的国际文书要点。

中国代表团积极参加了议事规则工作组及 PIC 清单的受控化学品认定工作，提出了"国家认定为基础、科学评价为标准、共同决定为原则"的 PIC

化学品择选方法，并通过谈判和说服工作，使得这种方法体现在了大会的最后文件中。中国代表团通过积极与其他国家代表协商，了解他们的想法，团结发展中国家，掌握主动权，尤其在亚洲组中发挥了积极协调作用。作为团长，我被推荐代表亚洲区域担任大会副主席，在与亚洲及其他区域代表团协调的基础上，提出发达国家应在执行 PIC 文书方面向发展中国家提供必要的技术与财政援助，得到了一些国家的支持。

六、宽严尺度是公约谈判的焦点

1997 年 5 月 26 日至 30 日，PIC 政府间谈判委员会第 2 次会议在日内瓦召开，来自 102 个国家和 18 个国际组织的代表出席了会议。代表们就已经完成的 PIC 文本开展辩论，阐明立场，同时法律起草小组就文本的法律用语进行斟酌，技术工作组就条款进行了实质性磋商和修改。会议争论的焦点集中在：

（1）关于 PIC 公约范围问题。我国主张公约的范围应严格限制在那些在国际贸易中禁止和严格限制使用的化学品。除欧盟外的与会代表都表示赞同这一立场。欧盟认为公约应涉及所有化学品的管理。

（2）关于公约目标中责任的提法。公约草案中有实现公约目标是"共同的责任"的提法。我国坚持认为应用 1992 年里约环发会议通过的"共同但有区别的责任"的提法。非洲集团在这次会议中以书面形式发表了与我国相同的立场。

（3）关于"进口国其他政府行为允许使用的化学品可以不受公约限制的问题"。在技术组会上，我国提出将公约草案中"进口国其他政府行为允许"改为"进口国指定主管当局允许"作为执行 PIC 公约的例外。我国代表团与美国、加拿大等国反复磋商，又经技术组讨论，最终会议决定将加方提出的"国家主管当局"和我国提出的"指定主管当局"均作为未决定的问题放在方括号中。

（4）关于 PIC 清单的受控化学品的候选资格。美国、澳大利亚和多数亚洲国家赞成由 5 个国家和 3 个粮农组织地区提出的禁止和严格限制化学品才能列入该公约的 PIC 清单。而欧盟和非洲国家赞成 1 个国家即有资格提出 PIC 清单的受控化学品的候选名录。制定 PIC 清单是公约的核心内容之一，过宽、过严都会产生负面影响。我国提出了"必须是 1 个以上国家才有资格提出候选名录"的建议。这一问题在会上未达成一致意见。

（5）关于农药控制范围。欧盟和多数非洲国家倾向于该公约控制范围包括所有的危险农药，而美国、澳大利亚、加拿大等农药出口国则坚持 PIC 公约控制范围应限制在具有急性毒性的农药。根据我国情况，我国赞成美国、澳大利亚、加拿大的意见，要求 PIC 公约限制在急性毒性的农药范围。

（6）关于出口通知问题。按照 PIC 程序，出口 PIC 受控化学品时，出口国向进口国发出通知，在得到进口国同意后才能开始国际运输。非洲国家及欧盟主张每次出口时都要发出通知，以保证对 PIC 化学品的控制，而美国、澳大利亚、日本等国认为出口通知仅适用于首次出口。我国认为可采取首次出口要有详细资料通知，而以后每次出口仅需发简单通知即可。

1997 年 10 月 20 日至 24 日，PIC 政府间谈判委员会第 4 次会议在意大利罗马召开，来自 97 个国家和 12 个国际组织的代表出席了会议。因该次会议是 PIC 公约谈判第 4 次会议，会议经简短的开幕式后马上转入了技术工作组、法律工作组和单项条款接触小组会。由于公约涉及各国经济、外贸利益，各方谈判只字不让，争论激烈，使谈判大大慢于预期的时间表。为争取时间，大会不但立即进入实质性谈判，而且从第一天起就连续召开夜会，力争取得更多进展。

该次谈判对公约整体内容进行了磋商，谈判的焦点集中在公约控制的化学品和农药的进出口的控制程度松紧上。危险化学品和农药的进口国从其利益出发主张对公约控制的化学品和农药要严格执行事先知情同意程序，而上述化学品和农药出口国则尽量避免承担责任。

谈判中的主要问题包括：

美国代表团以授权不够，需要向国内请示为由，有意拖延谈判，把很多悬案（如毒理学和生态毒理学数据是否属于商业机密信息等问题）均以要回国经专家咨询后决定为借口搁置。这主要是出于维护其农药出口大国利益的需要。

欧盟国家因经济发展情况相近，对环境高度重视，故其立场常与美国不同，极力主张加强对农药进口的控制。欧盟主张，只要粮农组织同一区域的数国提议，就可将某种化学品列入 PIC 清单。（联合国将会员国划分为 5 大区域。联合国系统内各专业组织所设的区域办公室数目不一。环境署在全球设有 6 个区域办公室。粮农组织在亚太、非洲、拉丁美洲和加勒比、近东和北美、欧洲和中亚等设有 5 个区域办公室。）

非洲、拉美等地区的发展中国家均属农药纯进口国，经济发展情况相似，故非洲集团、拉美集团总以一个声音说话。而亚洲国家经济力量相差悬殊，日本、韩国是农药出口国，中国农药出口大于进口，其他国家是进口国，这决定了各国的利益不同，故无法达成共识。

澳大利亚虽经济发达，但立法不足，对专有权利没有法律保护，故拒绝承担这方面的责任。

美国、澳大利亚对产量等信息的保密非常关注，以授权不够为借口，不承担按公约拟定条款提供这方面信息的任何责任。

1998 年 3 月 9 日至 14 日，PIC 政府间谈判委员会第 5 次会议在比利时布鲁塞尔召开，对主席团建议的综合性公约草案文本进行了最后一轮谈判，并基本达成了共同接受的公约案文。

此次大会主席在会议一开始就反复强调会议一定要结束谈判，号召与会代表本着合作和妥协的精神，加速谈判进程。谈判进行得非常艰苦，从第一天开始，天天进行到晚上十一二点，星期六也不休会。谈判会以全会为主，同时进行法律小组和个别条款的接触组会议。各方出于不同的利益考虑，对每一条款都进行了认真的谈判和争论。但从总的情况看，与会代表都本着积极参与和努力工作的态度，希望这个公约早日签署和生效，表现了全世界人民对防治化学品和农药的污染，避免危害和保护环境的迫切愿望。经过全体代表的共同努力和辛勤工作，会议最终通过了公约文本。这个公约文本反映了进出口方权利与义务的平衡，文字及逻辑性比前四次会议上讨论的文本有了很大的改进。我国代表阐述了原则立场和意见，努力使公约文本朝着有利于我国的方向形成，最终通过的文本已比较准确地反映了我国的意见。通过的公约有序言、30 条正文和 5 个附件。公约的宗旨是缔约方进行合作，通过信息资料交换及进出口决策程序预防某些危险化学品及农药在国际贸易中对环境和人体健康造成潜在危害。其核心内容是对某些危险化学品和农药在国际贸易中执行事先知情同意程序，即由出口国的主管当局将出口受控制化学品的有关资料通知进口国主管当局，在进口国同意的情况下方可出口。该公约文本中受控的危险化学品和农药共 41 种。

七、参加国际环境公约谈判的总结

从以上几次谈判会议的情况看，主要问题集中在以下几方面：危险化学品和农药进口国和出口国的责任与义务问题；关于禁止、严格限用化学品列入 PIC 清单的原则；关于技术援助、技术转让问题；关于执行 PIC 的责任问题；关于淘汰某些化学品的问题。今后，不仅是有效成分对环境和人体健康有害的农药可能被列入 PIC 清单，一些有效成分本身无害但含有害杂质的农药也有可能被列入 PIC 清单。我国由于农药生产企业设备、工艺条件所限，存在农药杂质超过粮农组织国际标准的情况，对此农药科研、生产、使用和管理部门应引起高度重视，一方面要加强进口和国产农药中有害杂质的监督检验，严格执行国际标准，把好进口农药的质量关；另一方面要改进工艺，降低农药中有害杂质的含量，提高产品质量，增强我国农药在国际市场上的竞争力。

在化学品问题上，除 PIC 公约外，综合性化学品公约的谈判也只是个时间问题。加强化学品的管理，淘汰对环境和人体健康有害的产品是国际社会的发展趋势。我国应顺应这一趋势，既要把负面影响降到最低，又要利用这一机遇促进国内农药产品的更新换代，强化对化学品的管理，保护我国生态环境，同时也不破坏进口国家的环境。

目前全球环境问题的热点之一是化学品管理，有关国际立法工作也在紧锣密鼓地进行，我国对此问题的研究要加快，国内有关政策要跟上。（我国化学品风险管理法规体系和制度逐渐趋于完善。详见 2020 年 4 月发布的《新化学物质环境管理登记办法》。）同时，国内要加快更新换代工作，开发高效、低毒、低残留的新产品。

此外，再补充说明一下，2012 年，涉及危险化学品管理的联合国三项公约的秘书处，即《巴塞尔公约》秘书处、《斯德哥尔摩公约》秘书处、《鹿特丹公约》秘书处的环境署部分合并为一个秘书处，为三项公约提供服务。秘书处设在瑞士日内瓦环境署办公楼内。其中《鹿特丹公约》秘书处由设在日内瓦的环境署和设在意大利罗马的粮农组织的办公室共同组成。

第四节 谈判桌上的几点感悟

国际环境舞台上很少有和风细雨、文雅幽默，经常是唇枪舌剑、阵线分明。为某一个问题或一个条款各方只字必争，挑灯夜战。记得在 1995 年，我陪同中国气候变化事务特别代表解振华出席由挪威首相布伦特兰夫人主持的可持续消费高级圆桌会。会议本来讨论发达国家应如何改变其不可持续的生产和消费方式，不料，世界观察研究所的莱斯特·布朗先生却在会上抛出了《谁将养活中国》一文，转移会议走向，避而不谈发达国家人均消耗世界资源数十倍于发展中国家这一事实，反把参会者的注意力引向中国。解振华当即据理驳斥，以正视听。此事后来为国内外媒体广为报道，不再赘述。该事例表明，作为环境外交工作者，在国际环境舞台上既要讲合作，又要讲原则，既要广交朋友，又要维护广大发展中国家的权益，更要维护国家尊严，不辱使命。

环境领域的公约谈判，最瞩目的当属《联合国气候变化框架公约》的谈判。解振华在国际谈判上的出色表现，人们有目共睹。众所周知，国际谈判不是一件轻松愉快的使命。有关联合国气候变化谈判已有很多文章，为避免重复，本书中列举的是《蒙特利尔议定书》和《鹿特丹公约》这两个法律文书的谈判案例，旨在与读者分享国际公约谈判的概况，包括还原谈判现场的主要争执、涉及的议题、南北各方的立场，以及中国的立场和贡献，与此同时，将中国代表团在国际事务中发挥积极的建设性作用再现给读者。

关于保护臭氧层的国际会议和谈判，每次谈及的议题有异，而参会预案的准备套路大致相同，如摸清参会者的背景、会议所涉主要议题，据此拟定我方谈判的原则立场和方案。

在谈判中，要与发展中国家团结一致，明确和坚持"共同但有区别的责任"这一原则，最大限度地反映和维护发展中国家的关切和利益。中国对外体现了一个负责任大国的形象，提前几年完成了议定书规定的消减和替代对臭氧层有害的化学品。中国政府各部门发扬了顾全大局、一致对外的精神，为国家争取到了可观的资金和优惠性替代技术。中国谈判队伍逐渐成熟，在对外谈判中不辱使命，出色地完成了任务。

在国际社会缔结的240多项多边环境公约中，《蒙特利尔议定书》是中国最早参与谈判并签署的多边环境协议之一，也是国际社会公认执行效果最好的法律文书。实践证明，只要发达国家资金和技术到位，发展中国家的能力建设得到加强，议定书条款的落实就能顺利和到位。

一、关于谈判

关于谈判，我总结了以下几点：

（1）谈判是为了解决利益冲突。

（2）实际生活中，人们一直在谈判，不限于公务。谈判的目的是寻求一种局面，从中找出利益双方都能接受的解决途径。

（3）只有人谈判，动物之间不谈判。当遇到大于自身的捕食者时，弱者便转身逃走，而不会去请求谈判或寻求公正待遇。

（4）谈判不是一个人与生俱来的天赋，它是一门可以通过日积月累提高的技术。

要了解具体的谈判策略和技术，可参阅有关专业图书。下面仅分享一些我的感悟：

（1）谈判大会常常因不同条款出现不同的利益集团，从而临时组成不同的磋商小组去磋商的情况。参会代表团对此在人员配备上事先要有考虑，届时能派得出人去参加与国家利益相关的各个磋商小组的讨论。若一时没有合适的谈判人选，那么，派人到现场了解情况也是有用的。

（2）谈判中通常遇到的问题可分两类：第一类是程序性问题，如代表资格是否合法、是否符合议事规则和程序。在联合国会议上，若遇到涉及中国台湾地区代表参会的问题，可在这个环节就把问题解决。第二类是实质性问题，如条款的宽严程度、限控的名单取舍等。谈判者可视情况选择有利于自己的问题加以利用，如要想争取一些时间研究和协商，可用"代表团授权有限，该问题需征求国内意见"为理由。参会者可在实践中逐渐积累技巧和经验，为己所用，谈判者的技能与见识也会在实践中逐步积累和提高。

（3）在谈判中要维护国家权益和尊严。在如今的国际谈判会上，案文中常常出现"77+ 中国"字样。一次，一位西方代表在会上曾不屑地说："不就是 77+1 嘛！"在场的中国代表钟述孔先生马上回击道："Not one, it's one billion."（不是 1，是 10 亿。）一下子就给他顶回去了。这种敏锐的反应和语言功底要在实践中磨炼。

（4）要有意识地培养和提高掌控舆论导向的能力和应变能力。如何与媒体打交道，这是个涉及话语权、掌控舆论导向、值得高度重视的事情。在这个领域，我们在国际舞台上还有较大的发展空间。关于做好新闻传播和讲好中国故事，读者可参阅吴建民、赵启正在这方面的著述。

（5）国际谈判桌上，情况瞬息万变。这既需要智慧、观察、磨炼，也需要机制上的进一步完善，逐步建立允许犯错的机制。

（6）参会代表团会后应根据在前方第一线摸清的情况，为中央政府就履约所需采取的国家行动，特别是在政策层面上，提出有前瞻性、建设性的建议。

二、几点建议

（1）联合国大会和专门组织的会议，是遵照既定的议事规则开会。参会人员在开会前应该熟悉这些议事规则。参加公约谈判，首先要确定的是政府间谈判委员会会议的议事规则。参会代表必须高度重视并参与起草和讨论。

（2）关于法律文书的谈判开始后，条款中对某些限控物质的宽严尺度就会成为争执的焦点。因为它背后涉及当事国的关切点和利益。参会者必须在参会前对国内的情况有详细准确的了解和把握。所涉部门应该派专家参团，提出高案、中案和低案（即底线）。同时，针对不同的议题，要准备好团长的发言要点和提纲。如果是大会发言，为了使中国代表的发言达到更好的效果，应准备中英文文本，并在中方发言前送到联合国同声传译厢内。

（3）参会者语言要过关。掌握外语这个工具，达到精通水平，才能在国际谈判桌上多样化地、精准地表达自己的观点。例如，在一次 PIC 谈判会上，就案文采用"should"还是"shall"，参会者竟讨论了 8 个小时，到午夜后才达成一致。这两个词语的微妙差异反映了轻重程度的不同，也只有外语功底足够深厚的参会者，才能充分参与这类讨论。

（4）古语曰："知己知彼，百战百胜。"在国际谈判当中，我发现了一个有意思的现象：中国代表团在谈判前，针对谈判对方之背景、关注焦点和问题往往会做不少功课，而对国内人员所涉领域因有所了解，偶尔会出现功课做得不深不透不细的情况。大约是 1997 年在日内瓦，我率团参加《鹿特丹公约》政府间谈判委员会会议。在酒店餐厅遇到中国入世谈判代表团团长 L。交谈中，他提起和欧盟关于化学品管理条款的谈判，说谈了两周也没谈下来，问我团里是否有这方面的专家，能去会上给欧盟介绍一下我国在化学品管理方面做的工作。那次，国家环保部门化学品管理处处长 Z 正好在团里，我就请他出面去讲。当晚，L 团长高兴地和我说，非常感谢兄弟部门的支持和帮助，Z 处长讲了两个小时便使耗时两周未决的那个议题通过了。这件事给我的感悟是，参加国际谈判，针对所涉议题，不但要知道对方的情况，也要对自己的家底了然于胸。

三、寄　语

我在本书写作期间，看到《科学》杂志发表的一篇题为《需要一个有约束力的全球协议来解决塑料的寿命周期》的文章，说的是国际社会为了治理塑料问题，在启动一个新的环境公约。全球环境治理催生国际环境公约，这又是一个实例。

那篇文章说，在全球面临塑料污染危机期间，越来越多的政府和非政府组织正在计划制定一项新的国际协议。2021年2月，在第5届联合国环境大会（这是世界上最高级别的环境决策机构）上，许多政府表示支持制定一项打击塑料污染的国际协议。过去，国际社会倾向于从以海洋为中心和以废物为中心的角度来看待塑料问题。然而，塑料越来越多地存在于所有环境介质中，包括陆地生态系统、大气以及人体中。因此，主张制定一项新的具有法律约束力的国际协议以解决塑料的整个生命周期，包括从原材料的提取到遗留的塑料污染问题，是非常有意义的。只有采取这种方法，才能应对这一不断升级的问题及其不断增大的社会、环境和经济影响的规模和跨国界性质。以塑料的整个生命周期为目标，可以在全球价值链中更公平地分配相关行动的成本和收益。多年来，专注于生物多样性保护、健康、气候变化和人权的民间社会组织一直呼吁达成具有约束力的全球塑料协议。2017年，联合国环境大会成立了海洋垃圾和微塑料问题不限成员名额特设专家组，这是一个国际专家组，讨论了在全球范围内解决塑料污染的方案。现在有70余个政府支持签署具有法律约束力的全球协议，这些政府从2021年6月1日起陆续签署了《海洋日塑料污染宣言》。许多民间社会组织以及大型公司组成的大型联盟多年来一直支持用联合国条约来治理塑料污染问题。新协议的谈判、生效和开始产生影响需要几年时间，因此，我们必须通过现有的区域和多边机构不断发展和加强行动，但需要采取大胆的、超越现有协议的方法。尽管新协议将带来成本，但其也将带来可观的环境、社会和经济效益。

在未来的全球环境治理进程中，解决问题仍将是以制度化、规范化方式进行。制定国际环境公约是通过政府间谈判委员会的平台来进行的，这就需要大批的国际化人才。

何谓国际化人才？我认为应具有以下几方面的素质：家国情怀；国际视野（这里指的是除了中华文明，还要尊重和了解其他国家和地区的文明）；

熟悉国际规则；熟悉本专业的国际动态；具有较强的跨文化沟通能力。从全球环境治理的大趋势来看，培养国际化人才，刻不容缓。

国际化人才应包括三个类型：一是具有竞争力，有能力到联合国和其他国际组织任职的人才；二是具有资质和能力参加国际会议、参与国际谈判、开展国际合作，包括到"一带一路"沿线国家工作的人才；三是具有全球胜任力和竞争力，能到境外跨国公司、非政府组织、国际媒体或国际科研机构等职场竞聘任职的人才。

在校培养的学生是不能直接胜任国际组织的工作职务的。然而，学校是培养学生走向国际舞台的摇篮和起点。

我在本章所写的内容旨在使读者更容易理解《科学》刊物中那篇文章所谈的问题，更清晰地了解国际社会为启动一个新的环境公约是如何做准备的，是如何通过联合国有关程序来实现的。

已到迟暮之年的我期待在未来联合国政府间谈判委员会会议上，能看到更多中国代表活跃的身影，发出中国的声音，贡献中国的智慧，展示中国的风采。

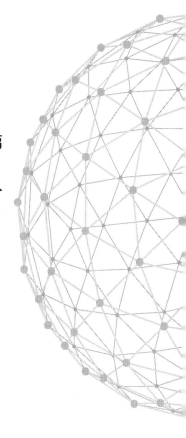

下 篇

在联合国的日子

第四章 联合国是个大学校

第一节 环境署门槛有点儿高

一、我是如何走进联合国的？

我走进联合国的故事要从 1993 年说起。那年，联合国环境署决定将世界环境日纪念活动的主会场设在北京，我那时担任国家环保局国际合作司的副司长，负责这项活动的具体事务。那场活动由于领导的重视、北京市政府的支持、大家的共同努力，举办得非常成功。为感谢联合国环境署执行主任伊丽莎白·多德斯维尔女士对中国的友好和支持，时任国家主席江泽民在中南海接见了她。

之后不久，我去芬兰出差，接到联合国环境署执行主任办公室的电话，对方问我是否有兴趣出任环境署亚太办事处主任一职（D1 级），如有兴趣，请于某月某日到纽约参加面试。考虑到兹事体大，我即向领导请示，经批准，我如期赴纽约参加了面试。面试结束时，多德斯维尔女士问我何时能到任，这给我的印象是竞聘基本成了。可是回国后，任职一事却一直没有消息。直到新上任的亚太办主任访华，我才知道此事已经翻篇了。这件事使我感到联合国的门槛有点儿高，不是轻易能挤得进去的。在国际场合要把自己手上的事情做好，还要注意自身的形象，有人会注视着你的言谈举止。这当然并不是说要刻意表现自己，那样太累。另有一点体会就是，求职者在接到录取通知书之前，一切都可能变。联合国只通知获选者，不发拒信。

一晃到了 2002 年，在上海的一次国际会议期间，联合国一位负责人问我是否有兴趣到联合国去工作。究其缘由，一是联合国环境署总部高级职位中没有中国籍职员；二是在 1996 年至 2002 年，我曾数次率团参加联合国多边环境公约政府间谈判委员会大会，并担任大会报告员或副主席，在环境界有点儿知名度，从而联合国秘书处的人对我的能力和为人也有所了解。经我所在部门同意和推荐，我通过了联合国的竞聘考试。2003 年 4 月，我收到了联合国环境署区域合作司副司长职位（D1 级）的录取通知。

这次应聘成功，体会就更多了：在国际谈判中，在维护国家利益的前提下，要注意与对手沟通的方式方法，尊重对方的立场；不同的意见有很多表达方法，得理也要让人；还要积累人脉。竞聘联合国 P5 级以上的高级职位，通常要求竞聘者在政府或国际组织担任高级职务的年限最少为 15 年。这意味着需要有阅历和经历积累的过程，要做很多准备工作，付出很多的努力。以一位美国籍伊朗裔的司长为例，她得到司长的高位，与 20 多年来她一直为联合国做咨询专家、写大量文章的长期积累是分不开的。她熟悉联合国的政策、战略、规划、优先领域和相关人员，所以竞争时很顺利地就获得了那个司长位置。

2003 年 4 月 5 日，我迈过了联合国的门槛。

二、走进非洲　孤独闯关

我首次到非洲是 1978 年赴位于肯尼亚内罗毕的中国常驻联合国环境署代表处工作。记得刚抵达时，我看着设施完善、店铺林立、旅客如织的机场，市内林立的高楼，设有街心花坛的道路……简直不敢相信这就是非洲，与自己想象中的战乱、疾病、饥饿、人民生活在水深火热之中的非洲相去甚远。街上超市等店铺卖的米、面、肉食，都不要票证。后来也看到了与高楼大厦一街之隔的贫民窟。使馆司机说，内罗毕是非洲的巴黎。自 1983 年离任回国后，2003 年时隔 20 年回到故地，我发现内罗毕基础设施陈旧待修，街上汽车尾气呛人，市内人口拥挤，治安很差，城市面貌已远远落在北京的后面。

在联合国报到入职后，我能感受到司里同事们的热情友善。尽管每个人工作压力都很大，但都愿在工作和生活上帮你出出主意。这种热情相助的氛围维持了近一个月，之后在工作中再遇到不解之事，看到大家都低头各忙各的，我就不好意思再张口问了。

新入职的"蜜月期"过去了，怅惘之时，纳兰性德的诗句"人生若只如初见，何事秋风悲画扇"常从脑中冒出，我自忖不行，不能顾影自怜！自己得另想办法！

1. 生活关

我自小在中国的环境中生活（中间在驻外使馆工作 5 年除外），作为国际职员一下子踏入异乡东非肯尼亚去工作和生活，是一个不小的挑战。生活中的一切事务，如租房、购车、海运家具免税清关、银行开户、申领居住证和驾照、办车辆保险、购置煤气灶罐等事项，都得自己摸索办理，颇为繁杂。当然联合国餐厅也没有中餐，没有红烧肘子熘肥肠……不过，这些都没什么，我 17 岁就去内蒙古当过农民，吃过苦。

2. 工作关

刚入职那段时间，每天基本是"上早七下晚七"。3 个月后，因过多透支了身体，造成腰肌劳损，行动不能自理，住进了医院。入院体检才知道，自己 3 个月减了 20 斤！躺在病床上自忖，到联合国上班，这是第二次插队啊！是"洋插队"！

刚入职时，我急于弄清的是：联合国环境署内部的运行机制是什么？是怎么运转的？上下级、同事之间共事的方式方法是什么？当时环境署的工作重点是什么？区域合作司的重点是什么？与环境署总体工作大纲的关系是什么？内部行文的要点是什么？需要注意哪些事情？主送和抄送人员的范围如何界定？司务会怎么讲话？如何与司内同事沟通和寻求工作上的支持？如何与业务相关司打交道？……这道入职关怎么过？！

面对这些问题，我耗时 3 个月，还没完全理出头绪。这可是在联合国站住脚的关键啊！当时令我百思不得其解的是，偌大的拥有近 2000 名职员的环境署，那时总部只有我一位中国籍职员，遇到事情没人可和我谈谈，也没人给我讲讲。上小学时，我看过一部描写抗美援朝战争的故事片《英雄儿女》，其中英雄王成孤身握着爆破筒站在阵地上坚守着，前有敌军，后无援兵。那段时间，这个画面时常浮现在我脑海中。现在想来，当时处在孤军奋战情境中的我，应该是企望以英雄王成的故事来激励自己挺住吧。

为什么在联合国，中国籍职员那么少？

这可不是一句话能讲得清楚的事。2005 年，《参考消息》有一篇介绍在联合国任职的中国籍职员的报道，其中有一篇是采访我的。那时不清楚，这等出头露面的采访怎么会轮到我。我很晚才知道，到 2017 年，中国在联合国只有 5 位 D1 级职员；而 2016 年时，根据联合国地域分配的职员人数合理幅度，P 级官员中国上限应是 222 人，下限为 164 人，而中国只有 81 人，还不足下限的 50%。中国从 2019 年开始变成联合国第二大会费国，会费占比为 12.01%。但与此形成鲜明对比的是，中国籍职员数仅占联合国秘书处职员数的 1.46%，为 546 人。这就是真实情况。联合国秘书处的中国籍职员人数竟少于我国援助的一些非洲国家在联合国秘书处的职员人数。[①] 这里讲的是绝对数，不是比例！培养国际化人才，真是刻不容缓啊！

3. 蹚过联合国这条河

刚入职那段时间，环境署总部仅有我这一位中国籍职员，遇事没人可商量。之前在工作中结识的某些联合国官员，此时视我为新的竞争对手。我那时的处境可想而知。有多少个夜晚，我坐在自家门前的台阶上，望着非洲夜空中的月亮，心中回荡着国内那个经典名句："摸着石头过河。"

怎么过联合国这条河？先拜"码头"。我拜访了过去结识的几位老朋友，也有选择地结识了一些新朋友。熟人和朋友有别，这里指的是可以信赖的朋友。其中印象最深、收获颇丰的是与执行主任办公室大主管的谈话。

联合国环境署的核心部门是执行主任办公室。它秉承执行主任的旨意，管理机构内的日常运行，包括人事和财务。大主管一定是执行主任信任的，一般都是能力超群的人物。这位大主管叫布那朱提，肯尼亚籍意大利裔。我们的初次交流是在 1993 年 2 月，那时就中国申办世界环境日主场活动一事，我和他交涉过，因双方意见各异，说理不遂，情绪失控，演化成面红耳赤的争吵。后来，我们再见面时和好如初，成了朋友，似乎从未有过什么芥蒂。我很庆幸在职业生涯中遇到了他。若换成一位鼠肚鸡肠的小人，不知会平添多少麻烦。他担任大主管一职，曾服务过三任执行主任：穆斯塔法·托尔巴（埃及籍）、伊丽莎白·多德斯维尔（加拿大籍）、克劳斯·特普菲尔（德国籍）。此人格局大，智商、情商超群，值得交往。按约好的时间，我来到他办公室，在他办公桌对面的椅子落座后，开门见山地说："兄弟初来乍到，兄长有何指教？"他靠在座椅背上，略做思考，说出了以下几条在联合国行事的忠告：

---

① 宋允孚. 国际公务员素质建设与求职指南. 杭州：浙江大学出版社，2019：13−14.

- 为人坦诚，表里如一。（Be honest, speak about your mind.）

- 不要在背后讲别人坏话。（Do not say bad things behind the person concerned.）

- 忠诚。（Loyalty.）

- 看到别人做错事，不要袖手旁观，要劝阻。（Do not stand aside when you see somebody is doing the wrong thing, please advise him or her.）

- 你可以和高层抗争，但绝不要和下属争斗。不要伤害弱势群体。（You may fight with the senior people, but absolutely not with the junior ones. Never injure the weak people.）

- 要谦卑。（Be humble.）

- 建立信任。（Build trust.）

这是他的实践与体会，可操作性强。在联合国，或者说在任何职场，和人打交道都是门学问，不可不察。我能在联合国站住脚，益友的忠告起了很大的作用。孔子曰："益者三友，损者三友。友直、友谅、友多闻，益矣。友便辟、友善柔、友便佞，损矣。"布那朱提真是我的良师益友。他的深情厚谊，我至今感念于心。

三、制订个人年度工作计划

在联合国开始工作，要先制订自己的年度工作计划。我的第一份年度工作计划（2003—2004）是司内一位巴拿马同事按司长旨意，帮我一起拟订的。她集在联合国工作几十年之经验，建议我工作目标以 4—5 个为宜。

起草前，要先弄清本组织中期战略和两年期的工作大纲；厘清本单位的工作重点中自己的职责；将自己草拟的工作重点与第一负责人沟通——这第一负责人不一定是司长或处长，也可能是业务项目主管。

工作计划主要内容分三个部分，即：主要目标、相关行动、成效标准。

准备工作计划时需要留意：目标要宏观些，相关行动要可操作，成效标准要兼有概括性和具体内容。第一负责人认可后，即走内部程序存档备查。

现以我 2004—2005 年工作计划的英文原文作为案例供读者参阅。

Work Plan for 2004–2005

• Goal 1

Strengthen the policy dialogue and UNEP presence in the regions, particularly in Asia and the Pacific.

Related Actions

Assist ROAP (Regional Office for Asia and the Pacific) in the coordination with senior officials (high level consultations) from the countries in Northeast Asia, namely China, ROK (Republic of Korea), Mongolia, DPRK (Democratic People's Republic of Korea) and Japan in order to facilitate establishing the process of a sub-regional ministerial dialogue based on the existing Tripartite Environment Ministers' Meeting.

Assist ROAP with policy advice and support the substantive implementation of its projects such as the Asia-Pacific Leadership Training Programme on Environment for Sustainable Development.

Success Criteria

UNEP contribution to promote sub-regional dialogue is visible and efficient and to the satisfaction of member states.

Support is provided to the ROAP in a timely manner and actions are undertaken to strengthen relations between UNEP and Northeast Asian countries.

• Goal 2

Strengthen the relationship between UNEP and China.

Related Actions

Provide policy advice and support through ROAP to the activities implemented by the UNEP China Office, in particular advice on UNEP's role within the UN country team as well as activities geared toward the other countries in Northeast Asia.

Assist Head of Division to relocate UNEP China Office.

Provide assistance and advice to ROAP in the preparation of substantive documentation and background information for UNEP to participate in the annual meeting of China Council for International Cooperation on Environment and Development (CCICED).

Assist and facilitate UNEP's contribution to the relevant Task Forces of the CCICED such as the Task Force for Agriculture and Rural Development, Environment and Natural Resources Pricing and Taxes and Circular Economy.

Success Criteria

UNEP senior officials participation at the CCICED meetings are supported.

UNEP China Office is operating effectively to facilitate the cooperation between UNEP and China. It is appropriately relocated based on the needs.

• Goal 3

Support a number of regional activities of UNEP divisions.

Related Actions

Support Global Plan of Action activities in particular in Asia and the Pacific region through provision of policy advice.

Provide substantive inputs to UNEP Capacity Building activities.

Support Division of Communication and Public Information activities in the regions such as the celebrations of Sasakawa 20th Anniversary Event in China, UNEP's involvement in the environment aspect of Olympic Games 2008, Champions of the Earth programme in coordination with regional offices.

Success Criteria

Policy advice and substantive support are provided to the preparation of project proposals and the possible fund raising.

Assistance is provided in a timely and efficient manner to other divisions for the activities in the regions.

• Goal 4

Support the Head of the Division in the day-to-day management of the office.

Related Actions

Assist Director to ensure that regional perspectives and priorities are appropriately reflected in UNEP's Programme of Work 2006–2007.

Initiate, supervise and finalize policy papers, prepare reports and presentations.

Represent Division of Regional Cooperation in diverse meetings and events, including in Committee of Permanent Representatives meetings.

Support the Director in the daily operations of the Division.

Act as Officer in Charge in absence of the Director.

四、联合国的年度考核 (e-PERFORMANCE / INSPIRA)

有了工作计划，就有年度考核，计划是考核的依据。联合国环境署的年度考核以 3 月 31 日为节点，直接影响职员合同的续期、带附加条件的续约还是终止。

因此，除了在日常工作中做好本职工作并与第一责任人保持良好的沟通外，充分准备好自己的年度总结也是一个重要环节。

以下是联合国环境署建议的为考核做好准备工作的事项清单。

How to Prepare for a Performance Review—Staff Member Checklist

Plan for the discussion:

• Review agreed work plan goals, expectations, and any changes in the work plan since the last discussion.

• Review examples of completed work, exceptional performance, and under performance.

• Prepare a summary list of challenges or problems you faced, how you dealt with them, and the results.

• Request that sufficient time be set aside for the discussion and at a time when your supervisor is not dealing with unanticipated emergencies.

• Be prepared to comment on your performance. Your supervisor will likely ask you to comment on your performance during the reporting period.

• Base your response on concrete examples of meeting or exceeding goals, or goals unmet.

• Listen carefully to your supervisor's perspectives on your performance.

• If the comments are overly general, request specific examples to increase clarity. Ask your supervisor to restate his/her comments if they remain unclear.

• Ask for priority goals. Request that your supervisor share the priority goals of the work unit for the remainder of the reporting period.

• Ensure that your personal goals are in alignment.

• Discuss ways to enrich your current job. This might include (for example) greater autonomy, increased feedback, more inclusion or participation in discussions related to your work, greater variety in tasks assigned, assuming on new challenges and learning, and the opportunity to work on task forces or project teams.

• Ask career related questions: "How am I progressing with developing my competencies?", "Are my mobility goals realistic?", "What additional skills do you think would enhance my chance for a move?", "What type of developmental assignments in my current position would enrich my professional experience and skills portfolio?"...

• Give feedback. If you feel there is something that your supervisor could do more of or less of to be supportive to your work, let him/her know. Also provide feedback on the regularity and clarity of their performance feedback to you. If you work better with more regular feedback, positive or negative, say so.

• Bring a concrete proposal regarding your short-, medium- or long-term career plans. Explain the benefits of your proposal to the work unit. Invite your supervisor's ideas and suggestions. Discuss your proposals with positive energy!

这份清单不仅可以用于准备年度考核，它还可以帮助职员学习如何处理好与第一责任人的工作关系，其中的具体细节和建议，对初入职场的人员很有参考价值。

联合国的考核是由第一责任人和被考核人单独沟通的。每年做个人工作计划时可以参照上述清单来准备如何与主管谈。考核时按照联合国核心价值观和基本素质，第一责任人对被考核人的工作绩效打分。

联合国考核分四级：不满意（unsatisfactory）、待改进（developing）、称职（fully competent）、杰出（outstanding）。如果被评为"不满意"，则合同终止；被评为"待改进"，一般只给续一年合同，以观后效；被评为"称职"，则按正常程序续约两年；被评为"杰出"，第一责任人要写出具有说服力的理由作为附件上报。在我任职那些年，司里同事们大都被评为"称职"，出现过个别较差者，罕有"杰出"者。

第二节　联合国人有点儿本事

联合国是世界文化的交汇点，也是门槛较高的职场，竞争者比比皆是。性情孤傲、不善交流、腹无良谋、文化浅薄者，很难迈进联合国这道大门。其他国际组织亦是如此。

联合国是个高效、半军事化的机构。瞬息万变的世界、潮水般的信息、层出不穷的问题，要求联合国必须拥有一支高素质、有较强责任心、有情怀的队伍来做出快速反应。

那么国际公务员的三大核心价值、八项核心能力和六项核心管理能力都有哪些呢？请参阅浙江大学出版社 2019 年出版的《国际公务员素质建设与求职指南》一书。在此不做赘述。

此处简述在联合国环境署日常工作中，我认为应具备的三项基本功。

一、会办事

【例1】秘书作用大

到环境署就职 10 天后，司里安排我到亚太地区出差，一是作为环境署代表出席几个国际会议，二是熟悉司内下属亚太办的情况。

由于刚上任，家里家外、办公室内各种事务繁杂，整天疲于应付。至于出差之事，我几乎无暇顾及。在启程前一天下午快下班时，我的秘书玛格丽特（肯尼亚籍）抱着一堆文本和其他东西走进我的办公室。她把手上的东西分为两摞，一摞是我要出席的那几个会议的文件、背景资料、要见的人的简历和谈话要点，一摞是我将入住的酒店的详细信息，包括地址、电话、订单号，还有纸本的联程机票、为我申办的联合国通行证（laissez-passer，俗称"联合国护照"）、已签发的去往国的签证和美元旅行支票，外加一张纸条，注明次日早上出租车接我去机场的具体时间。

赴联合国任职之前，我曾担任过 7 年的国家环保总局国际合作司司长。作为一个从基层一步一步做起的机关公务员，看着这些文件和材料，我很清楚这里所需的工作量和秘书本人的能力。我要参加的那几个会涉及海洋污染治理、环境教育，同时我还要会见去往国环境部门的有关负责人。玛格丽特清楚要找环境署内哪几个司要会议文件和背景材料、建议的发言要点；同时，还要与亚太办沟通，索要去往国环境部门的背景材料、约见者的背景材料和谈话要点。她还要与后勤支持部门沟通，为我申领日内瓦联合国办事处颁发的联合国通行证，再在内罗毕有关使馆申办去往国的签证。这里说明一下，联合国会员国中，只有少数国家对联合国职员豁免签证，美国、瑞士、中国等对来访联合国职员都要求申办入境签证。她还要到旅行社面商如何合理安排我的旅行路线，减少转机等候时间，尽量避开过早或过晚抵离目的地的航班，再凭授权到银行领取我的旅行支票……这一切全靠她多年积累的经验、人脉和一丝不苟的工作态度。

文职工作中，秘书的重要作用不言而喻。秘书可承担许多具体事务性工作，把官员从繁杂具体的事务堆里解放出来。联合国秘书一职的配备，是根据工作需要，并不带有显示身份和级别的标记。实践证明，秘书在办公室能帮我"当半个家"。和秘书搞好关系至关重要。在联合国任职那些年，每次出差回来，我都会给秘书捎一些小礼品，以表心意。

【例2】联合国高官每日的工作量知多少？

一次，一个中国高访团来环境署参访，经中国大使馆提出要拜见联合国副秘书长、环境署执行主任施泰纳先生（现任联合国开发计划署署长）。在我建议他接见时，他面带难色、语速颇快地对我说："王先生，我的压力很大的。除了开会、打电话、会见、出席招待会、处理日常突发事情之外，每天阅批的文件有5公斤重。"为了免于干扰，他在环境署三层的办公楼房顶办公，只有他本人和其助理掌握通往那里的钥匙。我听他讲后心里舒坦多了——此前，我常因每天至少要阅批2公斤重的公文而一直心怀不满。

当今世界，新的信息获取和传播方式把世界各地前所未有地连接在一起，使人们从全球视角审视各种事件。然而这种状况却让人无暇思考，联合国不得不对任何事件都即刻做出表态或反应。这就要求联合国必须有一支高效高素质的队伍。

对于敏感性问题，纽约总部一定会给其所有副秘书长及时下说帖，统一口径。例如下面的例子。

【例3】对新冠疫情的防控行动

世界卫生组织总干事谭德塞2020年1月28日访华，会见中国国家主席和外交部部长，29日返回日内瓦。30日下午1点半召开应急事件委员会会议，晚8点半发布有关国际关注的突发公共卫生事件（public health emergency of international concern，PHEIC）的声明。其公文字斟句酌的文风值得学习。

还值得一提的是，当美国指责世界卫生组织防控不力，有偏袒行为时，谭德塞在疫情发布会上说："How many body bags（裹尸袋）do you need? We can organize."这句反击的话很重。作为国际组织负责人，在国际场合如此讲话不常见。但客观上，他维护了世界卫生组织的尊严。

在以上例子中，联合国职员队伍的素质可见一斑。

总之，这支队伍的成员在具备一定水准、迈进联合国大门后，在联合国这所大学里，不断学习和历练，提高了相应的办事能力。他们勤奋、负责、业务熟、思路清、敏于行，并拥有良好的合作关系。

二、能办文

联合国是"文山会海"的正宗属地。用会议落实会议、用文件落实文件是联合国行事的套路。作为联合国职员，对办文和办会是要有起码的了解和掌握的。

联合国系统内各个机构都有自己的中期战略和工作大纲，到任后要尽快熟悉，重点是厘清这两个文件与自己所在司办的工作和本职业务的关系。同时，对本组织的全局工作要做到心中有数。这些文件内容繁复，结构复杂，八股文风重，要硬着头皮去弄懂吃透，因为这是联合国内部运作的基础。

要管理好自己负责的业务文件。尽快在实践中熟悉，做到需要时能随手找得到，需报材料时能在最短的时间内提交。文档管理要科学实用，一目了然。同时要注意保持桌面的整洁。

处理文件要有技巧。联合国每天要阅读的文件量很大，大约有几公斤纸本文件要读、要提意见，其中不少是贴着红条的，即限时批复的案子。此外，有些案卷要拿意见，没人或没时间商量，量大、强度大。在联合国阅文，你要吃得快，还要能消化。

在熟悉工作后，可把每日要处理的文件分成几类：要协商的、要批复的、要动笔的、要阅读做笔记的。要依据轻重缓急来处理。有些通报性质的文件可以带到会上阅，节省时间。同时，一定要学会略读（skim），撷英去芜。掌握这项技能的诀窍是：老实阅读，大量训练。

在行文方面，应主动培养和提高写作能力。我的做法是，写完文书不急着发出，最好搁置一晚。隔天再读一遍，往往会有改进。阅读和写作都要找对方法。如何提高写作水平？在实践中磨炼。联合国每年都有英文写作提高班，供职员免费学习。联合国还有公文编辑手册，详情可上网查询。[①]

联合国公文编辑手册（网页版）

剑桥大学有个说法，一个人掌握语言的水平决定一个人的发展程度，这说法有一定道理。联合国在招聘告示里，常常提出对文字能力的要求。建议读者在学校或工作中抓紧提高自己的听、说、读、写水平。

三、懂办会

如上所述，联合国是"文山会海"的正宗属地。联合国内罗毕办事处设有印刷厂，经常夜里加班赶印文件。在办事处大厅入口处，电视屏幕每天都

---

① 详见 https://www.un.org/dgacm/en/content/editorial-manual。

会显示当日会议的具体时间和地点。联合国各种会议,如专业会议、理事国会议、年度大会都要遵照会议议事规则来进行。在联合国环境署工作期间,我参与的有以下几种会议:

(1)联合国环境大会

这是环境署年度大会,也是环境方案决策大会。各会员国都会派团参加。其中高级别会议往往会有总统、副总统及各国部长参会。

(2)常驻代表委员会会议

这是联合国环境署在闭会期间向各国政府报告工作进度,接受各会员国监督的主要渠道。原则上每个季度召开一次。主席人选由联合国5大区域的人轮流担任。

(3)业务司主办的国际专家会

每年,各业务司都会根据工作大纲和计划主办一些专家会。办会的目的或是产生与当年业务领域有关的报告,或是审议有关报告的初稿。参加人选由秘书处从环境署人才库中挑选,费用由联合国经费支出。若是有关多边环境公约草案的专题会,则范围要扩大。环境署原则上邀请和资助每个发展中国家派一名代表参会,以最大程度地体现各个国家的关切点和利益。

(4)联合国内部工作会

这是环境署内部各业务司召开的会议。要积极谨慎地参与和学习,这是大家相互了解和评价对方的平台。对议题可以先听后评。

下面部分主要是谈及联合国职员办会时需要留意的事项。至于作为会员国代表出席国际会议应做哪些准备、如何参会等,本书上篇第三章有所涉及。

作为联合国秘书处人员,应在办会过程中留意以下几点:

(1)首先要清楚自己的职责,再要了解整个会议全貌,特别是政治敏感的议题和涉事方,要做到心中有数。

(2)如有人对参会代表或议题有异议,如中东问题、涉台问题,这些问题都很敏感,要及时与全权证书委员会成员报告和沟通,并跟进该委员会的决定。需要注意的是,某些地区的代表会以非政府组织成员身份到一些国际会上听会,散发有政治问题的材料。联合国办会人员发现此类情况要及时妥善处理为要。

(3)对主席团的组成要跟踪。在政府间磋商小组确定主席人选后,秘书处应及时与主席沟通、准备主席参会的主持词等事宜。

（4）在一般性辩论会上，如出现争辩，要熟悉答辩程序并及时给主席准备说辞。在联合国环境大会上，大多数当选主席是各国部长级高官，大都不清楚如何主持联合国的会议。而秘书处的职责是协助主席使大会顺利进行，并及时处理会上发生的情况。

（5）了解座次安排规则。座次安排问题分为两方面。一方面是主席台上的位置，哪些是不能动的，哪些是可商量的，要做到心中有数。主席左侧是联合国主办机构的负责人，负责协助主席主持会议。主席右侧是做主旨发言的代表或主席团成员。大会报告员一般安排坐主席台最左侧。联合国法律顾问或律师在大会主席座位的后面就近落座。大会主席坐中间，即使当选主席级别可能低于坐其右侧的、做主旨发言的特邀代表，也是不能动的。另一方面是各国代表团的座位次序，这通常由常驻代表委员会在大会召开之前的预备会上，由推选出的大使兼常驻代表抽签决定。抽签纸盒内有 26 个英文字母，抽出哪个字母，即从那个英文字母打头的国家开始按字母顺序排列。排列顺序一般是一年更换一次。

（6）熟悉会议议事规则。不论是作为会员国代表还是联合国职员，出席或参与联合国主办的会议，首先要熟悉的就是会议议事规则。请参阅本书附录四的材料。这份规则不一定需要背下来，但要熟悉。一旦需要，你必须能马上找到有关条款，引经据典。实践经验很重要。就像开车，把车开走、开快容易，而判断处理路面情况、安全行车则需要经验的积累。

在参与办会过程中，最好能抽空编写一份办会清单（checklist）。把自己办会或参会的经历记下来。随着办会、参会次数的增加，要使自己的经验和见识不断丰富起来，不断总结经验，不断完善自己的清单。这样的能人，不论到哪个职场都受欢迎。

办会与办文不一样。许多事要当即应对，当场拿意见。办会者一定要熟悉议事规则和拟办的会议，同时观察老同事与各国代表团打交道的门道，学习和积累。

综上所述，要想在联合国站住脚，自己那份工作必须拿得起来。其实，无论在哪个职场，办事、办文、办会这三项基本功都得过硬。

第三节 多元文化与规矩

什么是文化？世上至今似乎没有一个为各个领域均能接受的定义。或可说，文化是一种社会现象，是人们长期创造形成的产物，同时又是一种历史现象，是社会历史的积淀物。也有一说：文化是人类一切领域的基因。什么是有文化？我赞成这样的说法：根植于内心的修养；无须提醒的自觉；以约束为前提的自由；为别人着想的善良。

联合国系统是个多元文化构成的机构，然而主流文化仍是欧美文化。近年来，我国在海外一些国家建了不少孔子学院。这在向世界介绍和推广中文的同时，也在激发和强化中国的文化自信。对中国文化之发展，鲁迅先生倡导这样的思想："此所为明哲之士，必洞达世界之大势，权衡较量，去其偏颇，得其神明，施之国中，翕合无间。外之既不后于世界之思潮，内之仍弗失固有之血脉，取今复古，别立新宗。"中国文化的价值和对世界的影响，国际学术界多有评价。这里所谈的是在与国际组织打交道或去任职时，应了解和适应的文化氛围。

人生活在一定的文化背景下，受其文化的影响，就形成了一定的思维定式。对同一件事，非洲人、欧美人这样看，中国人就不一定这样看。看法各异，说起话来或做起事来就会拧巴。联合国环境署是个由多元文化组成的机构。要了解和适应这个陌生的环境和差异颇大的文化氛围，对许多中国人来说，需留心观察和学习的东西还真不少。文化上的了解和适应是融入团队的基础和桥梁。

一、打招呼和称呼——核心是尊重

1. 打招呼

在中国，不论是在单位还是在居住的社区，熟人见面，相互之间打个招呼是很自然的事情。可路遇不熟悉的同事或邻居，特别是年轻姑娘，不可冒昧去打招呼，讨人嫌。这是中国习俗。

在联合国大院，同事们见面，不管是否认识，都要打招呼，或点头示意。这是一种礼貌，也是营造和谐愉快的工作环境的一种言行。再往大处讲，是构筑个人职业发展的桥梁。我上任不到一周时，司长克里斯蒂娜来到我办公室，正经地说："王先生，在这个大院里，大家见面是要互相打招呼的。"话语中带点儿不满的意思。我辩解道："本司同事我都打招呼。"克里斯蒂娜提高嗓音说："不！在大院里，遇到谁，都应打招呼。"我听明白了。对于我这位新来的中国籍职员，一举一动，全大院的人都在关注并及时反馈给司长。转天，我观察这位司长是怎么做的，发现她在停车场停好车后，一路上不停地和人打招呼、聊天。两分钟就到办公室的路，她没十分钟到不了。从此，我也就入乡随俗了。

退休回国，我在居住的小区散步，仍按旧习，路上与遇到的小区业主频频打招呼。没过两天，便遭身后的家人低声喝止。我的习惯又变回来了。

在联合国大院内，碰上熟人或友人，联合国女同胞会施以贴面礼。这对我来说，开始时有点儿不适应。被贴脸时，我的动作稍显慌乱和僵硬。这要有个熟悉和接受的过程。对贴面礼，我在司务会上曾开诚布公地说，这礼在中国不时兴，中国人见面打招呼的礼节是拱手、点头示意、握手。当问及女士见面礼节时，我说现多为点头示意或握手。自那时起直至我退休，在我所在的司内，女同胞见到我基本是握手。我认为这是同事们对中国礼俗的尊重。

2. 称　呼

在中国，如何称呼很重要。在家，长幼有序，亲昵称呼，其乐融融。在单位，若冒冒失失地，即便是在背后称呼领导名讳，则后果难料。

入职不久后我发现，在联合国内，就称呼一事来说，刮的基本是美国文化风——"没大没小"。

我到任后的一项职责是负责筛选和确定世界各国申请到联合国实习的学生。老同事给我的录取标准有两个：一个是要来自世界名校；另一个是因为学生的学习成绩都应不错，要留意看其参加公益和社团活动的表现那栏，这部分权重约占三分之一。欧美学生实习的国际旅费和生活费基本是由所在学校资助的。

一天早上，我走在办公室走廊上，听见背后有人喊："Chi Chia. Good Morning!"我没搭腔，没认为是喊我。接着，又一声："Good morning, Chi Chia."我左右看看，当时走廊没别人。回头看，是刚来司里实习的一个美国男大学生。欧美人对汉语中的 z、c、s、zhi、chi、shi 发音一般都掌握不好，原来是那位男生在笑着和我打招呼。我那时因刚入职，工作和生活都"压力山大"，心情不是那么轻松愉快；再则受中国传统文化的影响，觉得自己都50多了，你个乳臭未干的愣小子怎敢直呼本人名讳！这在中国是不可能发生的事情。我当时脸的难看程度可想而知。当即严肃地把这个美国青年请进了我的办公室，他从我的表情中觉出似乎出了点儿什么问题，但不明白到底是哪里不对了。通过沟通，他了解了中国文化礼仪中的长幼尊卑，还有我不快的缘由。我也领略了美国文化的"没大没小"，以及他的友好出发点。对于在称呼中表达"尊重"这个核心理念，中国人有丰富的词汇和做法，美国人则大都要靠肢体语言和语气相辅。那个男生走之后，我自悟没能控制好自己的情绪，有点儿对不住他。今后要引以为戒。

在联合国内部的往来行文中，同事间的邮件被视为正式的行文。开头通常称对方为"Dear John or Mary"或"亲爱的之佳"，一般不称"某某先生或女士"。这种称呼方式不知始于何年，现已成惯例。

联合国对各会员国的公函之称呼，没有特定的规范，但有参考清单。如对国王、女王、教皇、主席、总理、部长、王储、王妃等，均有合乎国际惯例的标准称呼。秘书们在起草公函时都特别留意，很少出问题。

环境署对各国环境部部长的人事更迭，通常的做法是对离任的部长发感谢信，对新上任的部长发祝贺信。信件由联合国各区域办起草，报总部区域合作司审核后，上报执行主任办公室请联合国副秘书长签发。

日本政界内阁成员更替比较频繁，并且日本人名字用拉丁文拼写比较长，字母拼出的名字常相似，较易搞错。某办公室就曾发生过这样的事，把致日本新上任部长的贺信冠以离任部长的大名，闹得双方都很尴尬。阿拉伯国家一些人的姓氏名字相像的也不少。凡致函这些国家的人，秘书们在起草信件时都格外留意。

二、社交场合是重要的工作平台

外交官们说，联合国咖啡厅的重要性有时超过了会议厅。这话不错。来到联合国内罗毕大院或纽约联合国总部，其休息厅和咖啡厅总是人来人往，熙熙攘攘，有联合国官员、各国外交官、媒体记者。国内一位企业家看到此景后笑称像个"自由市场"。这里是各种消息的集散地，人们在这里交换对各种消息的预测、分析、评论，然后再从这里传播出去。更重要的是，开会期间，特别是大会中间休会时，环境署许多议案的商讨也在这里进行，甚至可以看到一份提案或宣言成型出台的具体细节和过程。联合国咖啡厅是个重要的社交场所。

肯尼亚自独立以来，政局稳定，经济发展得不错。内罗毕是世界名城，基础设施比较完善。联合国有 20 余个机构在肯尼亚设有办事处，专业组织的总部除环境署外，还有人类住区规划署（简称"人居署"）。20 世纪 90 年代，联合国正式设立了内罗毕办事处。此外还有各国驻肯使馆近 110 家。各个使馆举办的国庆招待会和联合国以各种名义举行的招待会，几乎每个星期都有。在联合国环境大会召开期间，招待会更密集，有时一个晚上要跑两三家使馆或酒店参加招待会。这样做，一则在公共场合要"打卡"、露脸"刷存在感"；二则可以与有关外交官、联合国同事就双方感兴趣的话题交换信息和看法。

外交招待会也是个重要的社交场合。环境署新闻司司长尼克和英国友人利兹告诉我，他们 70% 的工作是在社交场合完成的。

我对出席招待会的重要性的认识始于 1978 年。那时，我在中国常驻联合国环境署代表处工作。中国常驻环境署代表先是由中国驻肯尼亚特命全权大使王越毅担任，继而是由杨克明兼任。大使有专职翻译。杨克明大使上任后常让我客串翻译，带我出席招待会。每次出席招待会前，他都和我到厨房吃点儿东西，垫一下饥，这样可以节省在招待会上的饮食时间，多接触一些外交官，多了解一些有用的情况。从而，我认识到了参加外交招待会的实质目的和重要性。每次回到使馆，大使都嘱咐我及时把有关信息作为情况报告整理出来交给他。

杨大使有段时间还让我每天在早餐后为他读报。听读报是大使每日工作的一部分。报纸是肯尼亚当地主要报纸《民族日报》（*Daily Nation*）和《旗帜报》（*The Standard*），我要一大早先翻阅报纸，找出要闻，勾画出来。待大使用过早餐，我便跟随大使在大使馆院内，边散步，边用中文把报纸上的英文消息读给大使听。大使让我做这项工作，对提高我的英文水平很有帮助。大使听报很认真，从不插话。

杨大使对年轻人的培养、爱护和言传身教，使我终身受益。他为党为国，忠心耿耿。在抗战期间，作为地下党员，他曾在杨虎城将军身边工作数年。他生活简朴，廉洁奉公，一身正气。大使馆的同志们都认为，他是位真正的共产党员。

三、办公室的规矩

1976 年，国家分配我到国务院环境保护领导小组办公室工作。踏进机关大门前，我二姨曾嘱咐过我一句话——"进了机关要有眼力见儿"。这句话我一直牢记在心。

至于办公室具体的规矩，一是遇事向老同事请教，二是要有眼力，观察老同事的处事方法，照着去做。比如，我所在的综合处 L 处长就轻声嘱咐过我，办公桌要保持整洁，一是观感，二是机关来往文件多（20 世纪 70 年代，机关多是纸本文件），办事办文形成井井有条的习惯，公文就不容易搞错、出错。多年来，我在办公室的许多做法和规矩都是这样慢慢摸索和学习来的。

到联合国后，我发现办公室墙上贴着英文的明文规定[①]：

（1）电话

接听电话时请避免打扰其他同事。若会议室在使用中，请仅在接听会议电话情况下使用免提功能。免提功能不仅发出的声音扰人，而且人们在使用时发言声音常会变大并影响到周围的同事。

工作人员应当将电话的铃声调整到比较柔和的程度，确保响度适中。切记他人可以听到您的通话内容。为体谅他人请降低声音，并且尽量少打私人电话。

（2）办公室噪声

避免在办公室发出不必要的噪声，比如播放音乐。不允许大声播放音乐、哼唱或伴随音乐歌唱。可以通过耳机聆听音乐，但是不可以通过扩音器播放。

禁止隔着过道向同事喊叫，即使只是传递工作信息。请走到他们的座位边上对话。

（3）尊重与礼仪

您若预计访客会停留在您的办公隔间超过十分钟，请使用会议室或打印室以避免打扰其他同事。

注意避免在办公室开放空间内食用热食或带异味的食品，因为这可能会引起某些同事的不悦，尤其在斋戒第一日。此类情况请使用会议室或打印室。

如非必要，请避免从工作人员的工作区块或边界处抄近路通过，请使用

---

① 下文列出的规定文字由来自中国香港的环境署实习生如月同学翻译。

一般过道。

注意您在您的工作区块所张贴的物品。不要挂任何可能对他人有攻击性的图片、物件。

请避免在开放空间的办公场所使用过浓的古龙水等香水或除臭剂，因为它们可能造成有过敏反应的员工的反感。请考虑他人并使用相对清淡柔和的香水。

请自觉规范您的习惯和行为。联合国鼓励工作人员直接自由地表达在公共开放空间什么冒犯／刺激了他们，让别人都知道，从而约束各自的习惯。良好的自觉性会使办公环境温馨和谐。

请尽自己所能保持桌面整洁没有杂物，以避免它们影响他人的视觉观感。

鼓励使用日常礼貌用语。同事们可以互相问候交流，偶尔把自己的问题放在一边，关注周围的人，开启共同感兴趣的话题，相互交流感受，共享咖啡或茶。要为身后的同事开门。言谈举止要注意文明礼貌。

如果您没有遵守公共办公环境下应有的礼节，请接受善意的提醒。如果您在这样的场合受到提醒，请勿将其理解为冒犯。

讲个有趣的故事吧。在环境署这些年，同事们大声喊叫的事情偶尔发生过几次，那是猴子进办公室偷食秘书们的午餐引起的。环境署总部地处内罗毕郊区，紧挨卡鲁拉森林。据环境署动物学专业的同事讲，那个森林有三个猴子家族，每个群落大约有几十只猴子。它们很聪明，联合国的围墙，有电网也不好使，它们能轻而易举地攀爬过来。每天午前 11 点左右，猴王就拖家带口准时翻墙进院，解决午餐问题。其中有只断尾猴，它知道我司秘书们的午餐放在哪，时时前来窥伺。由于平常我司办公室门户很紧，它总找不到机会下手。那天，我把办公室窗户打开透透气，忘了断尾猴这码事，让它钻了空子。在玛格丽特的大声呼叫中，她的午餐被卷走了。

第四节　办公室的那些事

一、几个需要留意的表述

语言的魅力在于，同样的词在不同的语境下竟被赋予不同的内涵。这样的例子俯拾皆是。这里举几个我在联合国环境署常遇到的，经自己慢慢感悟到其内涵另有深意的表述。

- nice：说你人不错。至于是否能在联合国站得住脚，不一定。
- excellent：说你很出色，多在评价工作绩效中用此词。合同续约应有望。
- professional：这个词是联合国的核心价值观之一。西班牙同事 M 评论道："这是个很重的词。若说哪位同事不专业，如同说他不道德一样。"
- make sense：出色的英文很重要，它能使你在交谈中精确地多样化地表达自己的看法。然而，讲话讲在点子上更重要。你的发言如得到 make sense 这个评价，就得分了。

联合国机构内，这类表述不少，读者可在实践中慢慢领会，以适应和融入这个职场。

二、仪容仪表有规矩

在联合国这个职场，穿衣吃饭是有讲究的。着装即外形打扮反映了一个人的文化品位。例如，女生们上班要化妆，工作日穿着不可太暴露。一位女实习生曾懊恼地讲过，她因一次穿着不当，被主管责令当即回家换衣服。

作为联合国职员，如果不注意自己的穿着，不但对自己不好，也会对你所来自的国家带来不好的印象。诚然，你不是政府代表，但你的言谈举止代表着你的国家的形象。

男士染发在东北亚地区的国家比较流行。我在到联合国任职之前，一直染发。到任 3 个月后的一天，司长把我叫到她办公室，直来直去地说："王先生，在联合国这个职场，男士一般不染发。"看样子，这位心直口快的同事，对我在联合国竟然染发的做法，忍了 3 个月，实在忍不下去了。入乡随俗，我就此改成光头这一简洁的发型。

三、谦虚在办公室不是好作风

环境署在 2006 年前有种纸质刊物。任职不久，我收到新出版的一期，封面上写着"谦虚在办公室不是好作风"。这个理念对中国人来说冲击较大。我们从小受到的教育是，谦虚使人进步，骄傲使人落后，说话办事都留有余地。怎么谦虚就不是好作风了呢？当时同事们都低头在忙着，我也没法就这个疑问去打扰人家。

正好身边有个同济大学的研究生储丹同学，我请她谈谈对这事的看法。她的理解是，办公室讨论工作，大家集思广益。你若太谦虚了，别人不了解你到底能力如何，是否有信心。再有，遇到难题，保持积极心态去面对很重要。这位同学讲得有道理。环顾周围同事，包括前面提到的那位男大学生，在司里讨论工作时，他们往往都信心十足，积极出主意、想办法，对解决难题似乎有十二分的把握。在国际组织，还是需要这种积极进取精神的。

四、联合国不相信眼泪

我在内罗毕住的小区里，有位邻居，也是同事。他曾是非洲某国的一位大使，后竞聘到联合国环境署任高级职员。我们之前在印度尼西亚的一次联合国生物多样性国际会议上打过交道，那次中国台湾地区派人溜进会场并散发有政治问题的出版物。我找他严正交涉，他开始对此有点儿不当回事，想推诿。经我晓以利害，他才勉强安排秘书处的人把台湾专家连同出版物清出会场。问题解决了，但没伤和气。我们都把握住相互尊重、不失礼貌的尺度。

他在院里启动车辆去上班时看到我，便停住车，摇下车窗，伸出手来与我握手。他看着我，带有情绪地说："Mr. Wang, in UN, no respect. No respect. You have to prove yourself all the time."（在联合国，没有尊重。没有尊重。你必须得不断地证明你自己。）说完，便开车走了。看来，在联合国，他没有在本国当大使那么威风，也没受到应有的尊重。他任职有两年了，似乎仍未适应联合国的多元文化环境。不久后，他离开了环境署。

还有一次，在联合国大院内，我看到一位欧洲的女同事手牵着一个两岁左右的混血男孩，一边走，一边哭。我和这位同事不熟。之前在招待会上遇到过，知道她做学生时，曾只身背包搭卡车前往中国西藏旅游过。之后听说环境署终止了她的合同。欧美人一般都不大会像中国人那样过日子，不大会存钱，真不知道这位单亲母亲今后日子怎么过。我隐约感到了一股来自联合国机构的寒意。

我曾看过苏联的一部影片，是《莫斯科不相信眼泪》。影片描述外地青年到莫斯科艰难创业的故事。实践证明，在联合国做事，你必须用绩效来证明你自己。在取得成绩前，没人会在意你的自尊，联合国也不相信眼泪。实际上，哪个职场都不相信眼泪。

五、领导亦表率

leadership 这个英文词在中文里似乎有两个译法：领导力；表率。在联合国这个大学校，leadership 更贴近表率的意思。我接触到的联合国高官，他们既是领导，又是导师。在日常工作交往中，他们为国际职员起着表率作用。

1. 转换角色的适应力

联合国的文化氛围很独特，联合国的行事套路也很独特。既然谁都无法改变联合国，那就只能去适应它。转换自身的角色，适应新的环境氛围，对每个新入职的人来说都不是一件轻松愉快的事情。谈到适应新的环境，年轻人可塑性强，对环境适应得快些。可对年长者来说，难度就大多了。环境署第四任执行主任特普菲尔在这方面给我做出了表率。

特普菲尔在德国曾任 8 年建设部部长、4 年环境部部长。德国从波恩迁都柏林这件大事，就是他在任上经手办的。我到环境署任职，是他在任上选定的。我到任不久后，他除了鼓励我多和来自各国的同事们交往外，还赞成我选择国际职员比较集中的小区居住，并身体力行，展示他到联合国任职后是如何适应联合国这个新职位的。

他曾跟我讲，他在任德国政府内阁部长期间，出门配有 8 名保镖。乘坐电梯时，他甚至从来就不用亲自去摁电梯楼层的按钮。当然，出差也不用操心机票、护照、签证、酒店订单等那些劳什子。到任联合国副秘书长一职后不久，他去纽约开会，根据联合国从严控制出差人员和标准的规定，他常常一人前往，不能带随员同行。这位年近 70 的老人从内罗毕经阿姆斯特丹转机时，面对那个特大号的欧洲机场，他不知该如何找到下一个转机的登机口。正在困惑之际，德国汉莎航空公司一组机组人员正好路过。因他在德国是大名人，空姐们马上认出了他，顺利地帮他找到了那个登机口。他面带微笑地讲述这个故事时，既有点儿对往日辉煌的留恋，也有点儿对联合国这种规定的无奈。无须赘言，他面临的身份认知、就职环境、行事方式等的变化挑战是艰难的。他作为国际公务员，远离自己的祖国和熟悉的工作套路与文化氛围，还远离亲情、友情和家庭。他所面临的问题和困难，非局内人难以想象。他在国内曾是部长，到国际组织，就不好使了。人们看的是他的能力，特别是领导力，而不是职务本身所标示的权力。

我到任不久，特普菲尔把我叫到他的办公室，说是开个小会。在场的一共三人，除了我俩，还有一位就是环境署的执行主任办公室大主管布那朱提。特普菲尔稍做寒暄，便直入主题："王先生，我经常出差不在总部。你初来乍到，如果遇到什么问题（他用的词是 problems，我理解的意思为'麻烦'），你就找他。"他指了指布那朱提："你听明白了吗？"面对他的信任和支持，我以感激的眼神作答。随即会议结束。我和他之前没有共事过，但他"用人不疑"的行事作风体现了他的领导艺术。联合国人事复杂，步履维艰。他的言行激励我去大胆工作，尽快适应新的环境。他是位令人尊敬的领导和导师。

2. 讲究艺术的领导力

2005 年的一天，特普菲尔在他办公室阳台上搞了个内部酒会，请了几位司长级官员。会上他叙述了当天发生的一件事：他去参加肯尼亚总统的一个活动，在那个场合，新上任的肯尼亚环境部部长问他是干什么的，他答是联合国环境署执行主任。部长接着问，这个机构是干什么的？他答是负责全球环境事务的。部长又问，你们在哪办公？他答总部在内罗毕的吉吉里。部长再问，环境署何时成立的？他说 1972 年。部长追问，那你们除了开会还做些什么具体的事情吗，比如在肯尼亚？他说，尚没有。特普菲尔讲这个故事是要说明一个事实：联合国环境署总部在肯尼亚存在 30 多年了，肯尼亚的环境部部长竟没有感受到它的存在。是否应该为肯尼亚做点儿什么？

联合国同事间流行的理念是：联合国是为全球服务的，不是为哪一个国家服务的。环境署那些年基本上没为肯尼亚做什么事。其实，肯尼亚是东道国。于情于理，环境署都应该为肯尼亚做点儿力所能及、可见度高的事。特普菲尔在酒会这种非正式场合聊起这个话题，是想在推动此事之前征得大家的支持，减少些内部阻力。那天大家在为肯尼亚做些事这个议题上达成了共识。之后不久，特普菲尔召开了一次环境署全体职员大会（Town Hall Meeting），就此事征求全体职员的意见。会议形成的共识是不反对在肯尼亚做些事情。联合国的事大家都说了算。会后，环境署在非洲区域办公室设立了肯尼亚国别事务办，环境署与肯尼亚的合作有了机制上的保证。环境署自此在肯尼亚开展了一些小项目：雨水收集、干旱地农业发展、在贫民窟建卫生设施和学校等。

在联合国，如何开创前人没做过的事情，特普菲尔给我上了一课。

在特普菲尔办公室阳台的那次酒会，还发生了一件令人难忘的趣事。酒会临结束时，特普菲尔提议，在场各位用自己的母语唱《国际歌》。特普菲尔用德语起头，我和同事各自用汉语、西班牙语、英语、意大利语、法语合唱。各个语种歌词的音节不同，但都能跟上主旋律，节奏准确，歌声雄壮有力。国内我们那代人，能记住外国歌曲词、曲作者人名的不多，但大都记得欧仁·鲍狄埃和皮埃尔·狄盖特。"起来，饥寒交迫的奴隶……从来就没有什么救世主，也不靠神仙皇帝。要创造人类的幸福，全靠我们自己……"《国际歌》的歌词，国内我们那代人都相当熟悉，可来自欧美资本主义国家的这些同事竟也都会唱，还都能唱出歌词，这大大出乎我的意料。可见《国际歌》真是国际的歌。再有是气氛。当年国内的电影、戏剧中背景音乐响起《国际歌》时，伴着的画面大都是主人公英勇就义，如《红色娘子军》里的洪常青，还有《革命家庭》中的长子赴刑场的画面，气氛是悲壮的、庄严肃穆的。而在联合国酒会上唱《国际歌》，气氛是热烈的。大家热血沸腾，群情激昂，仿佛是在挺着胸，手挽手，向世界人民昭示我们联合国人的坚强意志和国际情怀。这一唱，同事们日常工作中的精神压力得到了极大的释放。

特普菲尔此举，直指价值观的共同点——正义感。他稍一挥手，就能调动起联合国同事们的情绪，不愧是一位有国际范的领导者。

3. 管理情绪的克制力

管理好自己的情绪，不要让它成为自己前进路上的绊脚石。这个道理，说起来都懂，可做起来很难。人都是感情动物，面对身边熟悉的亲友或同事发生意外，或目睹的言行与自己的价值观相悖，怎能把控好自己的情绪，理智地应对呢？

这使我想起令人尊敬和崇拜的安南先生。我第一次见到安南秘书长是1997年3月，那次是我率团出席在纽约召开的联合国可持续发展委员会会议。会前，中国常驻联合国代表团王学贤大使和我在代表休息厅谈话。正巧，安南和一位身材与其相仿的助手路过。安南认出了王大使，便主动过来打招呼。王大使把我介绍给安南。和他握手时，我感到他的手很柔软，他的眼神和蔼、沉稳；我感到了他的举止优雅，非常有个人魅力，是个易于相处的人。

我入职4个月后的2003年8月19日下午4点半，联合国副秘书长、安南秘书长的亲密朋友塞尔吉奥·德梅洛和21位年轻同事，在伊拉克的联合国办事处遭到恐怖分子的袭击，全部牺牲。消息传来，联合国内罗毕办事处布置了悼念现场。大厅墙上，挂满了那21张年轻面孔的照片。靠墙的小桌子上，摆着德梅洛的照片和一个供同事们写留言的大本子。望着那些可爱的同事们的遗照，我们心里都明白，他们踏上联合国这个舞台没有多久，对今后的工作和生活一定充满了美好的憧憬，他们一定有自己爱的人和爱他们的人，也知道伊拉克之行充满着危险和不确定性，但为了遵循联合国的宗旨，维护和平，他们义无反顾地走上了战场，并永远地倒在了那里。站在我身边的那位巴拿马女同事失声地哭了起来。我们默哀现场的水泥地上，都是泪水。

纽约总部悼念现场也是沉浸在一片悲痛气氛中，不少同事失声痛哭，而我们的秘书长安南在现场却表现得冷静异常。回到办公室后，联合国新闻发言人弗雷德里克·艾克哈德问安南为什么能控制住自己的情绪。安南说，他是在一种部落文化中长大的，而部落酋长必须永远保持一种强有力的姿态以激励他的人民充满信心。①

在联合国工作，作为个体，管理好自己的情绪很重要。当然，除此之外，还要管理好自己的身体和家庭。

此外，安南的骨气和勇气也是令人尊敬的。他在任上顶住了压力，认定美英对伊拉克动武是侵略。秘书长这一旗帜鲜明的立场重树了联合国的威望。

面对世界上因种族根源而产生的暴行，如在科索沃和卢旺达发生的种族屠杀时，安南的名言是："当人们处于危险之中，每个人都有责任大声疾呼，没人有权躲在一边。"他发言中最喜欢引用的话是马丁·尼莫拉令人难忘的警句。尼莫拉是德国新教神学家，经历过纳粹的残酷迫害："在德国，起初他们追杀共产主义者，我没有说话，因为我不是共产主义者。接着他们追杀犹太人，我没有说话，因为我不是犹太人。后来他们追杀工会成员，我没有说话，因为我不是工会成员。此后他们追杀天主教教徒，我没有说话，因为我是新教教徒。最后他们奔我而来，却再也没有人站起来为我说话了。"

安南还在推动联合国千年发展目标、成立联合国妇女署等方面做出了广为各国认可的贡献。他是位在联合国同事中享有崇高威望的领导者。

---

① 艾克哈德.安南传.徐莹，王金鹤，译.北京：中国人民大学出版社，2010：9.

第五节　心系祖国做点事

在联合国任职，应该遵守联合国的规矩和入职誓词。作为一个中国人，虽身在海外，但心系祖国，这与国际职员的身份不矛盾。自己的背景优势正可促进联合国与中国的合作。

一、为北京奥运会发声

驹光过隙，在环境署站稳后，我就可放手做些事情了。到了2006年，除了日常分工管理的柴米油盐几件事，首先，我想到的是如何推动环境署与北京奥组委合作。

关于奥运会，不少国人可能还记得1908年《天津青年》杂志的"世纪之问"："中国，什么时候能够派运动员去参加奥运会？我们的运动员什么时候能够得到一枚奥运金牌？我们的国家什么时候能够举办奥运会？"百年历史，沧海桑田。国人对奥运会的期盼只有中国人自己才能体会得到。身为海外游子，何尝不是这样呢？我当时心心念念的就是促成环境署与北京市政府的合作，为北京奥运出力！

怎样出力呢？联合国的行事套路，特别是决策方式，是自下而上的，这与我多年在国内工作所熟悉的"顶层设计"正好相反。在联合国议事，大家都畅所欲言，发表自己的意见，没有一言堂，而是要集思广益。要办成事，就得按联合国的程序推进。那么，如何说服联合国环境署的同事，与北京奥组委在环境领域开展合作？

我找到有关司办的同事，针对大家的关切问题逐一沟通，很快达成了共识：第一，参与全球性盛会中与环境有关的活动是联合国环境署的职责，不论在哪个国家举办，奥运会都是全球性大事。第二，环境署的参与，在全球范围内可见度高，影响大，有利于提升环境署的声誉。第三，环境署参与北京奥运会的相关活动是应北京奥组委的邀请，是会员国的请求，并得到了总部在瑞士洛桑的国际奥委会的支持，这符合联合国的规矩。第四，参与北京奥运会环境合作的切入点是北京大气环境质量，这也是环境署的优先领域。

那么，如何操作呢？

（1）起草并签署环境署与北京市政府的合作备忘录，明确双方合作的领域、机制、内容、方式和对接人。

（2）调研北京为解决大气问题和环境治理所采取的举措，择时发布奥运会前后环境影响评价报告书，客观、公正地介绍北京环境质量，特别是大气环境质量。

（3）举办两场记者招待会。为了有效地参与北京奥运会，时任联合国副秘书长施泰纳安排了内部团队做功课。针对所有举办过奥运会的城市，收集其当时的大气环境质量状况，用数据说话，同时准备环境署的新闻通稿。

此后，在环境署的主导下，北京市政府聘请了国际专家团队。在与北京奥组委合作的过程中，我这个联合国里的"中国专家"起到了重要作用。我特别关照团队留意：文件的起草和分发，内部要对路，主送和抄送要准，并无一遗漏。当时的中国国家环保总局是中国中央政府对环境署的窗口单位，北京市政府是地方一级政府。在与中方协商、签署备忘录文件的过程中，要处理好环境署与中国中央政府、地方政府的关系。

作为中国籍联合国职员，时时处处要牢记，自己是联合国职员，一言一行要符合自己的身份，要和同事同心同德地把事办好，体现对联合国的忠诚。而这与热爱自己的祖国不矛盾，就北京奥运会一事来说，把事办好可以实现联合国和中国政府的双赢。

合作的主要活动清单如下：

（1）2006年，执行主任特普菲尔代表环境署与北京市副市长刘敬民就奥运会环境合作签署了双边备忘录。

（2）2008年北京奥运会期间，环境署在8月8日上下午各主办了一场记者招待会。一场在奥运村里面，受众是经官方认可并注册了的中外记者；一场是在华北大酒店，受众是没能注册进入奥运村的记者，他们是在外围做报道的。

（3）环境署到北京公共交通枢纽调度中心和环境监测中心进行实地考察，从中了解到很多有用的信息和数据。例如，环境署团队获知北京拥有世界上最大的清洁能源公共汽车队时，对北京所做的努力和成就非常钦佩，留下了深刻的印象。

（4）应北京奥组委安排，时任联合国副秘书长施泰纳参加了奥运火炬在京的传递，并出席了开幕式。

（5）在北京奥运会举办前后，联合国环境署各发布了一份关于北京奥运会的环境影响评价报告书。

环境署出差人员少而精。参加与北京奥运会有关的这些环境项目，联合国环境署团队，包括联合国副秘书长在内，仅有 5 人。在活动中，每个人都清楚自己的职责和任务。团队配合默契，做事到位，打了一场漂亮仗。至今想来仍很畅快。

北京奥运会的成功举办，提高了祖国在世界上的声誉。作为一个中国人，我感到特别自豪。

联合国环境署是全球最高环境管理权威机构。对各国媒体关注的北京大气问题，环境署应该发声，应该有所作为。环境署有责任敦促东道国在举办奥运会的过程中，注重环境保护，特别是关注大气质量问题。环境署应适时发布独立的环境影响评价报告书。这是环境署职责范围内的事。

针对北京奥运会大气环境质量这个热点问题，根据施泰纳指示，环境署团队查找了那些举办过奥运会的城市当时的大气环境质量数据。根据历史资料分析和现状调研，我们团队得出的结论是，没有一个举办过奥运会的城市大气质量比北京好。反之，据美国媒体报道，1984 年，美国洛杉矶奥运会期间，光化学烟雾这一大气污染使马拉松运动员深受其害。此外，澳大利亚悉尼和希腊雅典在筹办奥运会过程中存在大量环境问题，曾引起国际奥委会和环境署的严重关切。

做到心中有数后，联合国环境署在 2008 年 8 月 8 日举办了两场记者招待会。在那两场活动中，我们团队每人各司其职。新闻司把准备好的新闻通稿，包括《让北京喘口气》这篇社论，提供给与会记者。施泰纳在开场白中，用数据和实例介绍了北京在大气污染治理方面的一系列举措，同时列举了之前举办过奥运会的诸城市的大气污染数据。环境署同时表示，希望北京市政府在奥运会期间采取大气污染控制措施这一做法能够在奥运会之后得到传承。据环境署跟踪观察，翌日（8 月 9 日），各国媒体的报道中再没有出现关于北京大气方面的负面新闻了。

客观地讲，环境署对北京市政府的环境治理举措只是公正地给予了评价。在国际场合，敢于为北京说句公道话，这使环境署的声誉得到了提高。众所周知，有些事，由旁观者出面讲，比当事者讲效果要好得多。

之后，时任北京市市长郭金龙在市政府接见我们。他说，联合国为我们说了公道话，非常感谢。这就是联合国的作用。

关于北京大气一事，我清楚地认识到媒体对舆论的影响力之大和做好媒体工作的重要性。另外，当工作中遇到难题时，可尝试换一个角度、方式去思考和应对。

　　关于施泰纳参加火炬传递，还有段趣事。2008 年五六月间，北京奥组委通知环境署，请执行主任施泰纳参加火炬传递。我在向施泰纳报告此事时，发现他衣带渐紧，腹部隆起，便建议他去健身房练练。他争辩说："我参加过其他奥运会，举火炬就是形式上走个过场。"我盯着他说："这次不是。北京奥组委说，那 200 米您得全程跑下来。"他是德国人，办事讲究认真。他意识到这是个问题。从那时起，每个周末，他都一手牵着一个儿子，到联合国的健身房跑步锻炼。

　　北京奥组委给环境署安排的火炬传递路线是在北京房山周口店北京人遗址公园。2008 年 8 月 8 日清晨，当我们到达公园门口时，抬头一看，才意识到这 200 米是要沿着台阶往山上跑的。施泰纳和我交换了坚定的眼神后，就冲上前去了。等完成火炬传递任务后，他紧紧地拥抱着我，边喘边说："王先生，非常感谢你当初给我的建议。咱俩一定得合个影。"这张合影的照片，我一直保留着，它记录着一次有意义、有趣的人生经历。

　　那天完成火炬传递任务后，我们准备回城里。施泰纳轻声地跟我商量："王先生，咱们现在回城里，能不坐出租吗？"在此前一天，我们从市里是乘出租车到达火炬传递集合点的。我很自信地看着他说："能！"可能大部分人不知道，联合国经费既透明又有限，环境署驻华代表处是没有预算置办公车的。身为联合国副秘书长的环境署执行主任来华访问，一般是自己想办法。而我们的办法不多，通常就是乘地铁或出租。我在电话里和一位哥们一说，他没二话，马上开了辆吉普到我们在房山的住处，接上施泰纳夫妇和我就进城了。我坐在副驾驶位子，施泰纳夫妇坐在后面。传递火炬结束后，我才知道北京奥运会的火炬是谁举就归谁。火炬归施泰纳后，他知道这是好东西，有纪念意义，在车里就一直抱着。不料，我们的车刚上长安街，就被交警拦下了。这时我才意识到，北京市在奥运期间实行交通管制，车辆出行需要有一个特别通行证。交警目光锐利，发现我们的车上没有通行证。只见他严肃认真地摆胳膊，示意我们靠边。如何办理这些证件，事先是要走程序的。联合国驻华代表处要出具公函，北京奥组委那要盖章认可，然后到主管发证的公安交通管理部门申请。即使加急办理此事，一般也不能像买煎饼馃子那样立等可取，当时就发证。眼下，那位朋友很紧张，人家是发扬"国际雷锋精神"帮联合国忙的，交警要真是扣分罚款算怎么回事呢？我们几位若真给撂在大街上，前不着村后不着店，咋整？情急之下，我唯一能想到的破解办法就是施泰纳抱着的那柄火炬。

我回头看着施泰纳和他的宝贝火炬。施泰纳马上明白了我的意思，赶紧把怀里的火炬双手递给我。我就拿了火炬，冲交警晃了晃。该交警一看，立刻明白是怎么回事，马上敬个礼，放行。坐后排的施泰纳夫妇、我那位客串司机的朋友和我都舒了一口气，笑了。那天，我一路晃着这个火炬，微笑着向沿路敬礼放行的交警们点头致谢，畅通无阻地回到了北京饭店贵宾楼。奥运火炬啊火炬！你真好使！此段趣事，终生难忘。

在施泰纳麾下工作 8 年，非常开心，我们合作十分默契。遇到一些事情，不用说话，彼此一个眼神，就都懂了。

二、南南合作谱新篇

南南合作是联合国的一项重要议程，总协调办公室设在联合国开发计划署纽约总部内。中国籍职员周一平曾担任该办公室负责人。环境署在推动环境领域的南南合作方面，得到了中国政府的大力支持。而一贯大力推动南南合作的中国政府也在与联合国合作的这个框架下，把中国的资金、技术、友善通过项目和中国专家落在了非洲大地。

在联合国环境署的方案中，较为成功和影响较大的当属联合国环境署 – 中国 – 非洲的三方合作框架。成效明显的项目是"一湖一河一沙漠"项目（"一湖"指坦噶尼喀湖，涉及环湖四国；"一河"指尼罗河，涉及该流域十国；"一沙漠"指撒哈拉沙漠，选点若干国家）。这个项目得到了同济大学原校长、中国科学技术部原部长、全国政协副主席、中国科协主席万钢先生的支持和推动。

实际上，联合国环境署 – 同济大学环境与可持续发展学院亦是在万钢先生在同济大学校长任内发展壮大的。该学院是国内唯一一所和联合国专业机构合办的旨在培养环境管理人才的研究生学院。该学院还设有全球环境与可持续发展大学合作联盟的秘书处，在推动绿色校园、绿色经济教程方面，与全球其他伙伴大学携手并进。在近 20 年里，该学院主办了国内外培训项目100 余次，培训人员近 4500 人，为全球特别是发展中国家培养了一大批环境和可持续发展领域高水平的研发技术人才、企业和政府管理人才，促进了发展中国家的可持续发展能力建设和人才培养。

"一湖一河一沙漠"项目的中方专家组牵头单位是环境署－同济大学环境与可持续发展学院。项目总负责人是时任学院常务副院长李风亭教授。李教授除了负责协调参与项目的国内各个专家组之外，还实地参与了非洲一些国家的项目实施和调研。此外，兰州大学与肯尼亚马查口地区的玉米项目，在半干旱地区种植玉米的实验非常成功。如果推广开来，即可解决肯尼亚的吃饭问题。中国科学院南京水生生物研究所负责执行坦噶尼喀湖水质监测项目。在环湖四国水质监测设备的配置与技术人员的培训方面，他们和非洲同事一起"白手起家"，建立了水质监测站，填补了这个领域的空白。

2013年，全球南南发展博览会在内罗毕举办期间，李风亭教授获得了由联合国南南合作特设局颁发的"南南合作特殊贡献奖"。联合国南南合作特设局周一平局长亲自为他颁奖，以表彰他在过去10余年间以同济大学环境与可持续发展学院为平台，在促进南南合作，特别是中非合作方面的突出贡献。

李风亭教授在获奖感言中说："这个荣誉，我是作为代表领取的，它是我们同济大学团队的荣誉，也是同济大学的荣誉，也是国内10多个研究机构组成的'非洲水行动计划'团队的荣誉。我们之前已经取得了一些成绩，但在继续推进发展中国家之间的全面合作上，我们还有很长的一段路要走。我将继续不遗余力地为这片美丽的非洲大地的建设贡献自己的力量，为实现推进更宽更广的南南合作贡献力量。"

李风亭教授是山东人，为人朴实、真诚、有底线。自2005年踏上非洲的土地以来，他的工作、生活就与这片土地难以分割。记得有一次，他在西北非一个国家做项目，因劳累过度，他下肢肿胀、高烧不退，幸亏及时返程回国治疗，否则后果不堪设想。

在科技部中非环境合作项目的资助下，李风亭教授课题组主要从事对非洲水资源和水环境的研究，先后承担了"非洲社区废水处理和利用示范"项目和"非洲典型国家水资源利用技术合作开发应用与示范"项目，基本摸清了东非主要国家水资源分布和水处理工艺及面临的问题，分别与埃塞俄比亚的斯亚贝巴和肯尼亚内罗毕的合作伙伴签订了安全水供应示范工程建设合作协议。李风亭教授已经前往非洲30多次了，足迹遍布肯尼亚、坦桑尼亚、埃塞俄比亚、摩洛哥、苏丹、乌干达等国，在非洲大地上默默地耕耘着。

同济大学李风亭教授的这个范例展示了中国的高等院校在联合国这个平台上可以有所作为。不同大学的不同技术专业学科如在国家倡导的国际合作计划中能找到切入点，那么，将技术转化为生产力会收效更快、更广、更深入。中国的科学技术在联合国环境署－中国－非洲这个三方合作框架下在非洲推广就是找到了合适的切入点。

三、哥本哈根气候快车

2009年12月，国际铁路联盟、联合国环境署、世界自然基金会等组织共同发出了一趟哥本哈根气候快车。

提起气候问题，如何减控温室气体排放一直是联合国气候变化大会各方争执的焦点。共同但有区别的责任原则是1992年联合国环境与发展会议达成的共识。而在国际会议上，我们经常听到的却是另一种声音。如，根据监测和统计，中国、印度和其他发展中国家的二氧化碳的排放量正在增加，这将导致危险的气候变化；中国已经比美国排放了更多的二氧化碳，而印度在这一方面也已经超过了德国……这些论调在欧美引起的反响不可忽视。来自欧美的年轻人常在国际会议上发声："他们不应当这样生活。我们不能允许他们继续保持这样的发展。他们的大气排放将会杀死这颗星球。"会场的人们大都对这种观点表示同意。事实是，世界上的"他们"（那些发展中国家）需要再奋斗几十年才能进步到欧美国家的收入水平。正确的说法应该是"我们（欧美人）不能够像我们现在这样生活"。可惜这声音太弱，几乎让人听不到。气候变化大会的组织者对民间社团的参与越来越持积极的态度。这就是为什么国际铁路联盟、联合国环境署、世界自然基金会等在2009年12月共同发出了一趟哥本哈根气候快车。

2009年12月7日，《联合国气候变化框架公约》第15次缔约方大会暨《京都议定书》第5次缔约方大会在丹麦首都哥本哈根召开。一列绘有绿色树枝图案的"气候快车"于12月5日由比利时首都布鲁塞尔驶往丹麦首都哥本哈根，经停德国科隆和汉堡，然后进入丹麦，行程约800公里。火车上载有400多人，包括出席气候变化大会的代表、联合国官员、环保人士和记者等。

企业家在可持续生产与消费领域是不可忽视的一个重要力量。联合国环境署重视同各国企业家的合作。21世纪前10年，中国的企业家在完成了企业的原始积累后，其中一部分有远见卓识的、有情怀的人便开始寻求更大的国际舞台，去实现自己的人生抱负和价值。后文将要提到的好利来总裁罗红、万科董事会名誉主席王石、御风集团董事长（万通董事会前主席）冯仑等就是这样一批企业家，这也是我促成这些中国企业家登上气候快车的原因。期待他们在国际气候舞台上发出中国的声音！

在车上接受采访时，王石说："中国在气候变化大会召开前向全世界做出了十分积极的减排承诺，我们企业界也想在大会期间发出自己的声音，让国际社会不仅看到中国政府的承诺，也看到来自中国民间的支持。"

这次活动，环境署之所以邀请企业家群体参与，是因为他们是联合国的合作伙伴之一。他们在环保技术的使用、替代、转让等领域发挥着不可替代的作用。联合国各个主要机构中，设有负责民间团体事务的部门，以便与各类非政府社团沟通与合作。联合国在与各公司正式确定合作伙伴关系之前，通常的做法是通过一些渠道做些调查，包括查阅该公司近 5 年的财务报表是否有不良记录等。环境署与各国公司合作，旨在影响它们走绿色之路。在中国，环境署有选择地与几个有影响的企业家俱乐部和民间环保社团进行了接触。其中包括与阿拉善 SEE 生态协会建立合作关系，签署合作备忘录。那时，协会创始人刘晓光（已故）已卸任会长，时任会长王石已做了两年，按章程即将卸任。候任会长是来自中国台湾地区的企业家韩家寰先生，他旗下的鼎泰丰在京城要比他本人有名得多。2010 年在北京，代表阿拉善 SEE 生态协会与环境署签署合作备忘录文件时，王石和韩家寰都签名了。

时任万科董事会主席的王石对环保很积极，他跟我说，环境署 2009 年 6 月 5 日发布的纪录片《家园》很有警示作用，他看了三遍。我信。像王石这些有影响、有见识的中国企业家对气候变化问题非常关注并有所作为。

在列车开往哥本哈根的途中，王石和其他国家的企业家、环保公益组织代表纷纷发言，阐述在应对全球气候变化进程中的企业社会责任和担当。

环境署参与组织这趟气候快车还有一层考虑。根据国际铁路联盟提供的数据，铁路运输的二氧化碳人均排放量只有汽车的三分之一、飞机的五分之一。坐火车尽管需更长时间，却是一种很环保的出行方式。这一减排之旅意在唤起公众关注公共交通给气候带来的影响和宣传乘坐火车的环保益处。在车上这 10 多个小时里，环境署举办了形式多样、内容丰富的研讨交流活动，讨论全球变暖给人类带来的挑战、运输业在这一领域应发挥的作用等。

环境署参与这列气候快车活动的人员有执行主任施泰纳、新闻司司长、一位新闻司女同事和我。在从布鲁塞尔机场到火车站的转乘过程中，我们遇到了一点儿麻烦。我们从内罗毕总部备了20多箱沉重的宣传资料，准备拿到气候大会上分发。从机场到火车站一路顺利。当把货物卸到火车站站台时，问题来了。这20多个沉重的纸箱怎么弄到火车上去？这事不能指望大忙人执行主任和那位司长。我的任务是组织车上的几项活动，但面对这些纸箱也不能袖手旁观！这时，只见身边那位女同事冷静地巡视四周后，走向了一位根本不认识、不搭界的志愿者。经过与其简单交谈，那位志愿者在站台上一下子招呼来了几个小伙子。不一会儿工夫，那20多箱资料全都妥当地安顿在车上了。她给我上了一课：有效沟通。这位来自澳大利亚的同事对欧洲国家的情况比较熟悉，知道像这类大型活动，通常都会有各类志愿者在场，因此凭经验在志愿者中找那些能帮得上忙的去商量。怎么沟通也有学问。她很真诚、轻声、有礼貌地向对方求援。当然，先要打出气候变化这面正义的旗帜。在这期间，她一边指导志愿者搬运，一边和我核对在气候快车上的一系列活动安排。当时我感慨，这种会办事、肯办事的人才，哪个组织不抢着要啊！果不其然，哥本哈根会后，她就被日内瓦的一个国际机构挖走了。

四、参与上海世博会的二三事

2008年，我在北京参与完奥运会环境合作项目后，应邀飞抵上海，拜见上海世博局局长洪浩先生，听取上海方面与环境署合作的想法。我和洪先生认识有十几年了。他之前曾任上海市环境保护局局长。出席全国环境保护厅局长会议时，洪浩局长朴实、直爽的言行给大家印象颇深。对他，几位相处稔熟的老环保人曾私下议论："咦！他不像上海人嘛！"故知重逢，无须客套，我们直奔主题。根据和洪局长的会谈要点，环境署在2010上海世博会期间，可与上海市政府合作的三件事如下：对世博会前期和后期各做一次环境影响评价报告；为世博会南京高层论坛环境分论坛出谋划策，并邀请国际知名环保人士出席；做好世博会联合国馆内的环境主题布置。

1. 发布环境影响评价报告书

我在与上海方面的合作过程中，对上海合作者有了更直观、更深切的认识。总体感觉是，商谈工作时，他们说话常留有余地，从不把话讲满，办事靠谱，计划缜密。这可能与上海的城市文化有关。比如，联合国专家起草环境影响评价报告书的工作，需要上海市按期提供所需的数据和资料。鉴于当时的时间比较紧，联合国方面有点儿担心来不及，心里没底，想请上海方面给个痛快话。而上海方面在讨论时总是说"差不多吧""百分之七八十能做到吧"。不像北京的合作伙伴，谈起事来，非常爽快，为了表示合作诚意，拍胸脯、打包票的现象是经常发生的，让你觉得很痛快。在中国，城市之间是有文化差异的，而祖国的魅力也在于此。易中天在《读城记》一书里，对上海、北京等城市有精到、风趣的描述。上海方面，凡是和环境署商定的事情，他们都保质保量如期完成了。他们办事严谨，不事张扬，待人尊重有礼。即使在合作中真有些疏漏，你也就不好意思说什么了。

来自西班牙的同事米娅女士感慨地说，上海就是上海啊！米娅在天津南开大学读过书，对中国有些了解。在联合国环境署与上海世博会的合作中，我们团队，除了米娅外，还有来自英国、加拿大的同事，都对与上海市政府在 2010 上海世博会的合作印象最深：高效、靠谱。

联合国环境署在 2010 上海世博会主办前后，如期各发布了一份环境影响评价报告书。在形成这两份报告书的过程中，我知晓了许多前所未闻的数据，如：上海用了 15 年，即 1995—2010 年，修建了长达 420 公里的市内轨道；而英国自 1856 年开始修建世界上最早的地铁，目前地铁总里程为 402 公里。环境署在 2009 年 6 月 5 日发布的数据中提到，上海在这之前 20 年建造了 3000 多幢大厦，还有许多大楼在建造中。许多污染企业，包括电厂，都迁出了市中心。环境署的同事说，在当今世界，人们的视线大都集中在中国的污染现状，而较少看到或提及中国在脱贫方面取得的成就，更没体会到中国应对环境问题时所做出的努力。发达国家在上百年间遇到的环境问题在中国聚集在了二三十年里发生，这份挑战在历史上是前所未有的。中国人在发展进程中的拼搏是艰苦卓绝的。

我相信，在世界逐渐变成地球村的时候，只有用比较的眼光，才能更清楚地了解自己的国家，更加热爱自己的国家。

2. 世博会园区里的白蚁山

在上海世博会园区内，众多造型各异的国内外展馆令人目不暇接。其中有个展馆叫白蚁山，这个故事值得一提。2009 年 7 月，王石与我在津巴布韦首都哈拉雷参访时，看到一座造型新异的建筑。我们从当地陪同那儿得知，该建筑名为"西门大厦"，是根据白蚁山恒湿恒温的概念设计建成的。王石当时兴奋地说："这是我这趟非洲之行最大的收获！"在这之前几天，环境署执行主任施泰纳在环境署总部和王石等一批中国企业家交流时讲："人类应该向大自然学习，如非洲的白蚁山，其内部恒湿恒温，构造巧妙。"这话老王记住了。想不到，在津巴布韦哈拉雷竟看到"样板间"！在津巴布韦之行4个月后，依据环境署提供的联系方式，万科找到了西门大厦的设计者皮尔斯先生，请他到访万科深圳总部的仿生工作室。又过了半年，即2010年5月，在上海世博园内，万科建成了一座白蚁山馆。馆内仿真白蚁山的设计和动画效果，让访客可以身临其境地体验白蚁山建筑的奥妙和神奇效果。这个故事说明，一个企业家之所以能成就一番事业，是有一定道理的。除了审时度势外，还应包含个人的见识、情怀、敏感性和非凡的执行力。

3. 联合国联合馆里的年轻人

上海世博会园区内，还值得一提的是联合国联合馆。该馆总建筑面积3000平方米，位于上海世博会浦东园区B片区，主题是"一个地球，一个联合国"。这个馆是由联合国各组织组成的联合馆，集中展示联合国及其系统内各个机构在可持续发展、气候变化、城市管理等领域进行的有益尝试和成功实践。展馆外观简洁大气，以蓝色为主色调，配以醒目的联合国会徽和名称。

熟悉联合国机制的人大都知道，联合国不大可能有这笔预算在世博园内建馆。这就看联合国大家庭内哪个机构与世博会的主题有关并有兴趣参与，还得有些可用的预算外资金。整个建馆过程有点儿复杂。

这里简要讲一下环境署是如何具体参与联合国联合馆环境主题的布置的。首先确定环境署内由新闻司牵头负责与该馆负责人的对接，以及环境主题的宗旨、规划和分题的选择。区域司负责筹措有关资金和实施团队。事情确定之后，环境署团队选定了曾在署里实习过的一位中国男生SCB，由他召集了一批可爱、勤奋的年轻人，组建了一个公益性团队，起名叫"大气团"。这些年轻人大都是回国发展的海外留学生。他们操着熟练的英语、法语、西班牙语，与联合国团队沟通，根据反馈及时调整，利用最新的媒体手段，在该馆内把环境主题展现得有声有色。

记得项目刚开始时，"大气团"负责人SCB几次找到我们，说是面对这个联合国联合馆和环境主题，不知道自己该干些什么。他在等联合国给他派具体的活儿呢，这和我入职环境署一个月后遇到的情境相同。司长那时曾问我："你来到环境署区域合作司，喜欢干什么？"这问题当时使我大惑不解：这联合国是我想干什么就干什么的地界吗？之后慢慢明白了她的意思，在联合国做事是要每个人发挥主观能动性（be proactive），要自己开动脑筋，按照自己的职责，主动去找事做，去做自己应该也能做的事。可喜的是，这群年轻人很快找到了感觉，摸准了联合国团队的思路和做事的路数。如，环境主题的具体内容确定，数据和图片的采集与筛选，最新电子视频设备的选用，软件的制作，布展规划和材料的选定，互动环节的设计，直至观众留言台的安排，这些都是由年轻人来做的，环境署团队充当把关、补台的角色。

对在世博会园区联合国联合馆举办的环境主题展览，来自世界各国和中国各地的参观者反应甚好。这可从参观者惊叹和欣喜的眼神中感受到。馆内的声像、图片、设施的布置折射出"大气团"年轻人的朝气、灵气、勤奋和创意。

这些年轻人能如此快速地体悟到环境署的主题思路、办事节奏和对该馆整体效果的预期，并易于合作，这是联合国团队没有预料到的。

为答谢这些可爱的年轻人，西班牙籍同事米娅在上海的一家西班牙餐厅张罗了一场颇具国际风范的招待会。大家到达餐厅后，先是每人点一份鸡尾酒在露台布艺沙发上畅聊，随后入厅内就座享用西餐，每人根据自己的喜好选择餐点，餐后还有咖啡和餐后酒。所花费用当然不菲，联合国也没这笔预算。故餐费由联合国团队现场分账，掏银子现结。在同这十几个年轻人交流的过程中，环境署团队都意识到，这些年轻人那么快就切身领会了联合国的文化，领略了联合国的做事风格，真棒！大家对中国年轻人今后走上国际舞台充满了信心与期待。

一晃十几年过去了，环境署在上海世博会的那些项目已成往事。当年共事的上海同事和朋友，那些可爱的"大气团"的年轻人，其音容笑貌仍历历在目。你们现如今都在哪里呢？都还好吗？

五、制定对华战略国别报告

2010 年，忙完上海世博会的活动后，我回顾了 7 年来环境署对华合作的历程，认识到，随着中国国力的增强，与环境署合作的增多，署里应该制定一份对华战略国别报告，以期作为今后双方合作的指南。

在分析了过去对华合作成果和经验教训的基础上，该文件罗列了环境署的在华优势、合作的优先领域、目标和合作伙伴。

环境署与中国的合作大致分四个层次：一是政府间，包括中央政府和地方政府；二是非政府间，包括企业家协会、非政府环境组织、影视明星；三是新闻媒体；四是在华的国际组织。

合作方式：接待官方访问团组，进行政策层面的对话，商定和续签双方合作备忘录或协议；共同开展协议下的环境项目。与企业家合作，在国际环境会议期间搭建交流平台，倾听中国企业家的声音，鼓励企业家走绿色之路，鼓励他们在环保领域创新，为他们提供环境技术咨询。与媒体合作，利用互联网分享环境信息，传播绿色理念。与明星合作，邀请其参与大型环境活动，利用其影响力，呼吁人们对环境问题产生关注，提高人们的环境意识，同时对合作明星的行动给予名誉上的认可。

合作的目的：帮助中国实现向循环经济、低碳经济、绿色经济转型的目标；促进环境政策的连贯性，完善环境管理；加强与中国各方伙伴的合作，采纳环境署推广的专业技术；推动南南合作。

这份报告还提出了资金的筹措和对华团队的组建等具体实施措施。这是我在联合国环境署期间构筑环境署对华合作桥梁的一部分工作。提及这份报告，主要是为了使读者了解联合国与会员国的合作套路。

第六节　在路边做些标记

在党和国家的关怀培养下，我从一个无知少年逐步走上了绿色环保之路，最终走进了联合国。在这个路途中，我和许多人同龄人一样，赤着脚，赶着牛车，从草原走出来，尝到了人生的酸甜苦辣、悲欢离合。

为什么提草原、牛车？一个人的青春播撒在哪里，哪里就是家乡。科尔沁草原，曾是我的家，忘不了。牛车，曾拉着我和知青伙伴们怀着青春的信念，在蹉跎岁月拼搏向前！也忘不了。谁能告诉我，我的联合国之路不是始于科尔沁草原那泥泞的道路呢？从草原来到联合国，颇感世事无常，但这不等于做事无常。安南先生说得对，年轻人对未来不要过度迷茫和焦虑，把自己手头上的事情做好就好。

这一路走来，我碰到了不少坑洼和荆棘，被沟坎绊倒，被荆棘扎伤。在摸着石头过河，自己处在浑身湿透冰冷无助时，常感叹，这路上，走过不少人，怎么就没人给提个醒！

现在，我想在路边做些标记，以期后来者留意。

一、到国际组织做事，要有家国情怀

二战之后，联合国的成立有理想主义成分在里面，这反映了人类在历经两次惨不堪言的战祸之后，对和平与发展的一种追求。人类总要有理想，才有为之奋斗的目标。具体到每个人，有理想，生命才有价值和意义。

我年轻时曾考虑过"人应如何度过自己的一生"的问题。影响我们那一代的是尼古拉·奥斯特洛夫斯基的《钢铁是怎样炼成的》中的名言："人的一生应该这样度过：回首往事，他不会因为虚度年华而悔恨，也不会因为卑鄙庸俗而羞耻；临终之际，他能够说：'我的整个生命和全部精力，都献给了世界上最壮丽的事业——为解放全人类而斗争。'"这句话激励了我们那一代，让我们在青春年少时熬过了蹉跎岁月。

虽然时代不同了，可道理都一样。人来到这个世上，总要做点儿事情。所以要在还能够做事的时候，尽力把交给你的事情做好。人是要有点儿精神的。到联合国或其他国际组织任职，是要有些国际情怀和担当的。

在联合国工作，除了掌握谋生进阶之术和领悟为人处世之道外，还有一个职业特点，或准确地说是一个挑战，就是职位、居处的不稳定，从而造成家庭生活包括婚姻的不稳定。联合国鼓励人员流动，在一个职位上工作，最长不宜超过 5 年。这就使其职员在职业生涯中不停地换岗位，搬家。孩子上学、配偶就业等问题就摆到日常生活中来了。如果一方在联合国任职，配偶随任，还好说，若配偶不方便随任，事情可能就不那么好办了。志在联合国任职的人，对此要有思想准备。

二、学会与他人相处共生，经营好自己的人脉

国际组织是世界优秀人才的荟萃地，各国各界的专业人才和外交人员云集，都是聪明人，绝大多数都表现得很有教养，与人处事也都得体。但有工作就会有竞争，踩脚的事是经常发生的。别人踩到自己的脚不要介意，自己无意踩到别人的脚，要诚恳道歉。对同事要有包容的胸怀。一位司长 S 先生笑着告诉我："井里有十只蛤蟆，如有一只往上爬，其余那九只都会往下拽它。"

对人的一些本性要包容、宽容。林则徐的"海纳百川，有容乃大"这话讲得好。

在工作中，要逐渐搭建联合国系统内的人脉，交几个真朋友，互通信息，互相支持。如何经营好自己的人脉呢？我曾和企业家冯仑谈过这个话题。冯仑的观点是一定要仔细研究 10、30 和 60 这三个数字。维护好三层人际关系，把握住你一生中每天精力的分配，让你的工作更有意义。有很好的人际关系，既能够依托于关系，给别人面子、建立友谊、取得情感上的慰藉，同时又能够发展事业，使自己的生活变得正常而健康，这是一种很高的境界，需要很好的修养和自我管理。10、30、60 这三个数字具体指的是：

10 是你遇到危难时，能借钱的 10 个人。

30 是属于熟人朋友，经常打交道的，做过点事的，这包括前面提到的能借钱的 10 个人。

60 是熟人，打起电话来记得住这个人，而且也大概了解他的背景，可能很长时间都没见的那种朋友，这包括了前面提到的那 30 个人。

只要把这 60 个人每天都盘好，就够一生用的了，不论是在职场还是在社会其他方面。

冯仑所谈的人脉如何经营很有意思，涉及一个人的时间和精力的分配与人生境界之关系。而我认为，这人脉的组成至少应包括：一是值得你尊敬的人，是你做事做人的导师；二是给你关爱和温暖的人，可以为友，但不一定能共事；三是相互信任、可以合作共事的同事或同路人。这样一来，在地球村行走，就需要交结不同的朋友了。如何交朋友？哲人爱默生、王鼎钧等皆有名言，意思是说：要得到朋友，先要自己够朋友。

三、知识很重要，教养也很重要

能考进国内一流大学，可证明学生的学习能力和扎实的知识水平。而走向社会，走向世界，对外交往，除了必要的知识和技能，教养也很重要。教养是很具体的，就是一件件小事。一句话熬不住，就失了教养。例如：

（1）开完会后，将椅子推回原位。这是一个基本的常识，也是做人的基本素养。如果你在起身后会把椅子推回到原位的话，能够显示你是一位很有教养的人。

（2）在公共场合把自己吃过用过的东西归位到指定的地方，留下方便给服务员和后来的客人。之前若没人要求或教育你，那么从现在起就可以培养自己这种收纳的习惯。

（3）从一顿饭看一个人的教养。我接触过的，上至一位女市长，下至一位年轻的外交官，穿着也还得体，谈吐也不错，可在饭桌上的表现，实在说不过去。外国同事的眼神里，亦对这种举止流露出不以为然的表情。因此举止易丢分。

（4）仪容仪表要得体。没有人有义务透过你邋遢的外表去欣赏你优秀的内在。对外交往，不讲排场讲体面。穿衣是有学问的。平时可注意观察别人如何着装，然后选择适合自己身份、品位的衣着，逐渐形成自己的风格。

（5）勤俭是中国人的美德，但该花的还得花。钱，是用来让人生活得美好和体面的，而不能为了省钱把日子过得很凄惨。如某位联合国高官，租用的是那种逼仄的经济适用房，既不适合招待客人，也与自己的身份不符，使其形象受损。

（6）联合国每天都有很多事要处理，常有很多急事，再着急也要微笑着慢慢说。微笑是种表情，与快乐无关。

本节讲的是教养，内容也触及点儿社会公德。这属于中华文明范畴，家长老师本应从孩子小时起就进行这方面的教育。事实上，与应试教育无关之事，可能很多都被家长和老师屏蔽于孩子们的时间之外了。许多大学生还不懂得遵守社会公德这样的小道理，这种现象在当今社会是存在的。在外交场合，常见举止教养令人不敢恭维的人和事，这就更说明，提醒在校大学生应从小事做起、注意社会公德是很有必要的。

在国际组织内做事，言谈举止表现得体，有教养，不仅能够展现出良好的形象，更有利于在这个职场站住脚，有利于个人职业生涯的发展。或者说，即使不在涉外职场谋生，这小事仍然不小。

四、提高学养，增加分量

（1）文化结构的不同，解释了为什么中国人在国际组织中喜欢扎堆这一现象。海外留学的年轻人曾告诉我，刚到国外大学，他们也想和欧美及其他国家的同学多接触、多聊天。可不久，慢慢聚在一起的还都是中国人。究其原因，大家能聊到一起，吃到一起，感觉舒服。这属文化结构不同的问题了。中国学生读的书和其他国家学生读的书不一样，从小养成的饮食和生活习惯不同，当然不易融入外国学生中。怎么办？不妨有空少玩会儿那些网游，多看些国外经典名著。读懂莫泊桑、狄更斯、雨果、托尔斯泰等，可使我们更多更深地了解人心、人性、人生和社会的一些道理。他们的名著、名言闪耀着前人的智慧，反映着当时的社会文化习俗。书中所展现的博大的世界和胸怀，会使你缩短与国外同学、同事之间的距离。

（2）联合国第八任秘书长潘基文 2007 年上任伊始，在回答记者关于其对联合国秘书处运行机制的管理理念的看法时，答曰："天之道，利而不害；圣人之道，为而不争。"我在各大学做讲座时，面对数十、上百位大学生，都曾问及此话的出处。这是《道德经》第 81 章的一句话。记忆中，似乎只有少数同学能答出这句话的出处。据说，在德国，不少家庭有《道德经》。这不奇怪，德国盛产哲学家。作为中国人，在学习其他谋生技能的同时，不妨读一些中国优秀的经典著作。这是我们宝贵的遗产，不应该丢掉和轻视，否则将受到外人、邻邦、历史和后代的嘲笑，那将是一个严重的错误。

日本人近年出了一套"中国的历史"。日本学者在书中说，这套书的独到之处受惠于他们曾接受的通识教育。这套书视野开阔，跨界思考和论述给人以耳目一新的感觉。日本人承认，中国学者在专业领域的研究深度是别人无法企及的。

日本和韩国对中国的传统文化的研习无须多讲，在欧美国家了解中国文化的人群也不鲜见。英国时装设计师薇薇安·威斯特伍德以中国书法设计她的时装；法国前总统希拉克对中国青铜器和历史的了解，据说比中国博物馆的很多工作人员知道的都多。中国优秀的传统文化中蕴含着许多先哲的智慧，我们要重视并不断地学习。

（3）联合国有不少自发的读书会，每周活动一次，轮流在各成员家交流读书体会，推荐好书。读一万卷书，就相当于过一万种人生。即便每周读一本，一生能读的书也有限。看山要看大山，读书要读大书。这个道理，大家都懂。大家选读的需是那些经过时间考验的中外名著，并做读书笔记。"读书是易事，思索是难事。但两者缺一，便全无用处。"富兰克林这话说得透彻。

大学毕业找工作，竞聘时面试这一关是要过的。这可称为"上秤"。培养自己的气质要靠提高学养，光靠注重外表是不够的。学养能增加自己"上秤"的分量。

提到面试，我想起了已故大使吴建民的一段话，说上海市曾做过一项调查，中外企业在招聘中对刚毕业的大学生的总体感觉是"知识水平不错，表达能力较差"。这点挺要紧,不可不察,不可不补。

我这辈子看到过许多富有智慧、才华横溢之人却碌碌无为,还看到了不少貌似天资平庸的人却获得了成功。人生路上往往会有意想不到的曲折与转变。人生无常,并不等于做事情无常。关键是要把自己手上的事做好。

五、去读世界这本大书

在大学授课临结束之时,面对亲爱的同学们,我常问这个问题:"今后要读世界这本大书,在校期间应做哪些准备?"下面是一位在校女生 ZYW 的回答。她对这个问题的思考虽不很全面,但还是很有见地的,有一定的代表性:

作为一名政治学系的学生,我其实一直对读世界这本大书充满了期待。老师也在课堂上说过,能够进入这所大学证明我们有一定的学习能力,但是还需要在 4C 能力上下功夫。无论我们未来是否进入联合国任职,都需要努力提升自身的分量。我想就此谈谈我自己的理解。

其一,批判性思维。关于这一点,其实可以和时代背景、人们所处的环境联系在一起思考。老师曾经提到过基辛格的一个问题:"种种不受任何秩序约束的势力是否将决定我们的未来?"其实我心里也是犹疑的,因为我们凡夫俗子在绝对的权力面前是多么的渺小,我们是不是就要顺从这样一些"不可抗力",随波逐流,人云亦云,放弃反思?但是现在,我会回溯到法国思想家帕斯卡尔说的话:"人是会思考的芦苇""人类的全部尊严,就在于思想"。哪怕面对着滔天的权势或者是巨大的挑战,独立的思考、批判和尝试改变都是我们身为人的尊严的体现,我绝对不会放弃这个权利。关于这一点我平时也会有意识地去锻炼,因为学习政治就要求我对当前的时事热点、国际问题和社会现象保持自己的观察、思考和判断,当然,我今后也会多和身边的同学讨论,在分享观点的同时共同进步。

其二,我想将沟通和合作放在一起谈,因为我觉得两者密不可分。课堂上,我们谈到"文化是人们长期创造形成的产物,是社会历史的积淀物"。的确如此,这也是为什么国际组织会强调职员们的跨文化交际能力——哪怕是同为中国人,在合作过程中也会有不愉快的时候,遑论来自不同文化背景的人进入一个团队时所出现的分歧和摩擦。但是要怎样去处理这些问题,其实关涉个人的智慧。我想,一方面,正如老师所说的,我们还需要提高自己的语言水平(尤其是英语），认真、大量地听和读，减少因为误解和沟通不到位导致的不愉快；另一方面，我们还要保持一颗开放的心，其实观点不同并不影响我们一起为了共同的目标奋斗，主要还是求同存异。我发现自己有时候容易情绪激动，和人发生争执，我想我今后出国进修之时还需要和更多国家的人接触，慢慢学习。

其三，创造力。这对我来说是一个比较抽象的概念。事实上，中式教育一直被诟病为"严苛有余，创新不足"。但其实我看自己的身边有同学喜欢研制小玩意儿，有同学善于写文章，有同学善于化特别的妆容，我觉得这就是在不同的领域有自己独到的想法，或者是一些小成就。我的看法是，创造力源于热爱和广博地汲取。一方面，我们要有自己感兴趣和愿意为之奋斗的事业，兴趣经常会赋予我们意想不到的灵感，因此在校期间尽量要找到自己心仪的方向；另一方面，有专注的方向固然重要，但是同时也要以更加开阔的心胸选修一些和自己专业不同的课程，或者是与一些非本专业的朋友交流讨论，这样我们可以跳出自己的思维模式，有新的发现。

其四，我一直记得老师上课的时候向我们提及的自己退休之后还要坚持到高校讲课的原因。老师说："我21岁的时候从内蒙古草原走出来，可以说是赶着牛车进了联合国，但基本都是'光着脚走路'，当时多么希望能有个前辈告诉我一声——这里有坑，那里有荆棘，你们要当心。"老师说，虽然当时自己并没有遇到这样的前辈，但是经过了几十年的人生，回过头还是想要给年轻人传授一些经验，以便我们今后的路可以走得平坦一些，并且和年轻人交流的时候自己不时也能学到点新东西。我觉得在我大四之际能上到老师的课真的非常幸运，因为我正处在两个不同的人生阶段之间，老师的课鼓舞着我要一直做一个保持谦卑和有爱心的人。哪怕我离开了学校，甚至我退休之后（虽然是很久以后的事情），我都会把学习作为终生的功课——跟着我们的国家、我们的社会、我们的世界一起变得更好。

六、来自初级专业官员（JPO）的几个提问

一次，在一所大学做讲座时，有三位通过竞聘即将到联合国任职的年轻人，在互动环节提了几个问题。我觉得这些内容有些共性，故分享如下。

问题 1： 老师好，我还有两个小伙伴今年被联合国开发计划署录取了，要去那儿工作。有个特别实际的问题，我们马上要赴任了，希望能够给联合国的同事准备一点有中国特色小礼品，我们可以准备点什么？想要既能体现中国文化，又尊重联合国的文化和他们当地的文化。我去的地方是巴基斯坦的伊斯兰堡。

答： 首先祝贺你们能够考进联合国，去做 JPO。我知道这很不容易，你们应该是非常出色的。

直接回答你的礼品问题。送礼品，要慎重，特别是刚才你提到的，是去巴基斯坦。那是个伊斯兰国家，可能在宗教、文化等方面有很多忌讳，请留意。我去联合国的时候，也准备了相当多的礼品，这是中国的文化。后来发现联合国人一般是不大送礼的。联合国有规定，凡是你收到的礼品，大约在人民币 200 元以上的，是不能接受的。200 元以内的，如果跟你工作特别有关，你也应该报告一下。在这种情况下，我们出差的时候，一般没有礼品费，也不准备礼品。有时候会员国部长来访，我们的执行主任就说，你看人家各国部长来，都送一些礼品，而我们却只能两手空空。

这方面，我在国内有点实践经验。后来我给环境署执行主任出主意，我说我们联合国最好的东西是那本大画册——《年度环境状况报告》，内有很多照片和数据。你给部长之后，他回去写总结都很有用的，给那个就行了。但这东西有点贵，成本价要 150 美元。我们就定个规定：凡是部长级的客人，给一份，一般代表就算了。

你们是 JPO，不给礼品大家也都可以理解。给的话，东西大小没关系，表达了心意就好。瓷器在旅行时不方便带。我在联合国时，回国出差和休假结束返回联合国时，会给我的秘书和要好的同事带些丝巾，选些有中国特色的图案，比如说带有青花瓷图案的，或是蜡染制品。我有时会送一些茶叶。我那些同事偏爱红茶，绿茶不像红茶那么受欢迎。国内有很多铁盒小包装的就可以，外包装大盒可以拆掉，节省行李空间，拿衣服裹起来，一盒一盒别让它们磕碰着。这样，送一小盒茶叶，也挺好，挺得体的。

问题 2： 王司长，我想问您的其实跟整个在联合国的职业路径有关。就是在联合国工作，比如现在从 P2 的岗位，从初级岗位开始做起，我们最好是在这个机构能够深入地一直做下去，还是我们可以经常换国家，换岗位，甚至再去别的领域再多做一做，更有利于职业发展？谢谢王司长。

答：联合国有一个政策：鼓励流动。一般来说，它不鼓励你在一个位置上干很长时间。5年后你如果还不动的话，有可能把你的职位放上网，重新招聘。职位公布后，大家都可以竞聘，但这是很不舒服的。还有，像我们这类职员，若5年不动，你工资中有一部分叫"艰苦补助"，占工资的比例不小，系统内会自动给削减下来。联合国鼓励流动性，这是联合国的政策。

在我接触的这些年轻人当中，基本上在内罗毕干2年或者3年以后，他们就都动了。在联合国，个人的升迁，如在一个部门的一个职位上解决是不大可能的。国内一般来说，一个人在一个单位，干这么多年，任劳任怨，无大差错，提级应该会优先考虑他的。联合国的体制，它不是那么设置的。在它的大框架内，这个位置是P2，就一直是P2。如果变动的话，运作起来很难，还要公开招聘。所以你在P2的时候，如有P3空缺，你就可以去申请。任职地点也可能在纽约、日内瓦、伊斯坦布尔等。这时就看你的机遇和个人意愿了。我个人鼓励你去后先干好2年，2年以后站住脚，要动一动。

问题3：王司长，国际组织总部一般都在欧洲跟美国，那么环境署当时设在内罗毕的时候有什么竞争吗？为什么会设在那里？当时有没有亚洲或者其他地方的一些城市竞争？以后有没有可能把这种国际组织的总部设在中国？

答：这个问题非常有意思！挪威有一个政策研究所，它就在研究为什么联合国环境署总部是在非洲的内罗毕。1972年12月在纽约召开的联合国大会通过了联合国2997号决议之后，成立了联合国环境署。那么总部设在哪？刚开始时秘书处是在日内瓦。在日内瓦的时候，有人问为什么不搁在纽约总部？在讨论环境署总部地点的时候，联合国内部讨论意识到环境署可能会与其他组织分权，比如说开发计划署。所以，联合国内部认为，把环境署推得越远越好，远离权力中心。这是挪威那个研究所的说法。

讨论日内瓦的时候，大家就提出来，为什么在日内瓦？支持者说，现在很多组织都在这里，方便呀。反对者说，日内瓦已有那么多联合国机构了，给别人点儿机会吧。联合国便决定环境署总部设置地由各国竞争。竞争国据说有哥斯达黎加、印度、日内瓦和肯尼亚四个。肯尼亚1972年运用分步策略，把环境署总部最终争取到内罗毕了。联合国环境署总部放在内罗毕，直接提高了肯尼亚在国际上的地位不用说，带来的经济效益也很可观，每年收益约达 3 亿美元，还创造了不少就业机会。联合国内罗毕办事处大院有 2000 多人，其中 1000 多人都是肯尼亚籍当地雇员，包括联合国警察。这大大地促进了肯尼亚的经济发展、旅游事业，提高了肯尼亚在国际上的声誉。

关于另一个问题，原来联合国的亚太经社会总部是设在上海的。在新中国成立后，它就搬到泰国曼谷了。随着我们祖国越来越强大，我们对外开放度越来越高，我想在不久的将来，中国会有更多的机会接纳国际组织来设总部的。

问题 4：非常感谢王司长的分享。我现在是在央行工作，马上要去联合国开发计划署南非办公室工作。今天我听得非常投入，不仅因为信息量很大，还因为王司长讲得也非常幽默，您对运行机制文化规范都有很深的研究！

我想问的一个问题是，如果我们 2 年以后还希望继续留在联合国系统工作，您认为我们应该做哪些事情？另外有一个稍微偏技术一点的问题，在联合国系统，合同是怎样分类的？多数是固定期限的合同，还是也有一些非固定期限的？谢谢。

答：首先是你如何在联合国站住脚。我刚才讲的那几点供参考。刚才提到你要去联合国南非的办公室，希望你尽快熟悉它的主体文件。还有，你入职后，第一件事是你要制订年度工作计划。自己要确定年内计划完成的几个任务，每个任务有三项内容：第一项是目标，第二项是你要做的事，第三项是你拟取得的具体成效。要留意，一般来说任务不宜超过四个。第四个任务建议写："做好主管交办的任务。"因是第一年，最好加上一句"尽快融入团队"。这是第四个任务。前三个任务，结合业务写就可以了。

为什么我说联合国是半军事化的，因为你的主管不一定是处长或者是更高级别的管理者，他可能就是个项目主管。但是他的作用，正如一副对联所言："说你行你就行，不行也行；说你不行你就不行，行也不行；横批：不服不行。"如果你在南非有比较熟悉或要好的朋友，你到那儿可以先拜访他，真诚地请教他，请他给你指点应注意哪些事项。就像我刚去非洲的时候，我找的是以前就认识的朋友。我开门见山地请教他们。其中有位意大利好朋友真够意思，跟我讲了 7 点，不过他指的是作为管理层的 7 点。你可根据你的情况，去多听听朋友的忠告。这 2 年里你得有志于在联合国工作，我的建议是交几个真心的朋友，他们会给你有益的忠告。还有业务，你得拿得起来，就是刚才提到的那些事情。因此，你得准备好跟我一样去减肥，去拼搏吧！

第二个问题，联合国好像从2004年起就取消了长期合同制。我去的时候，第一年给我一年的合同。大家互相适应，如双方都满意，之后的合同是每2年一续。联合国现行体制总让你有一种压力，就是说你得干事，你得努力。你的合同现在是2年的。如果到期，再给你续2年，基本上说明你站住脚了。如果只续1年，那你就需要加倍努力。

谢谢！

第五章　地球村行旅之摭忆

第一节　"气候英雄"罗红

　　近年，京城有一个地方相当火爆——罗红摄影艺术馆。这家 2016 年 8 月开幕的艺术馆，口碑甚好。我的东院邻居全家看后跑到我家谈对罗红作品的感受，就是两个字：震撼！我也和家人前去参观了。到现场一看，盛况超出本人的想象。馆内游人如织，电影馆前排起长龙。尽管我们一行比预约时间早到半小时，按顺序入场后，仍是在最后一排落座。电影馆内宽大的屏幕和音响，据说都是世界最新产品。影片中，罗红乘坐的那架红色直升机飞来飞去地忙碌着。其中，有个画面是他的直升机在火山上空盘旋拍摄，下面火山口吐着红色的滚动着的岩浆，白色的蒸汽在他身边升腾。巨大的屏幕使观者身临其境，跟他一起在火山口转悠。身边的小孙子紧紧搂住我的胳膊，他有点儿紧张，应是替这位罗四爷捏了把汗吧，殊不知可爱的罗红先生就爱整这种令人心跳加速的事。这部时长 30 分钟的影片，反映了罗红做事的风格，即追求尽善尽美。影片中不少拍摄地我是去过的，怎么就没发现这等有趣、壮观的画面呢？自忖，眼力不行。我没罗红那双善于捕捉美景的"火眼金睛"。当然，这眼力不是天生的。除了专业素养之外，他还得有颗纯朴善美的心。罗红自己的配音也有特色，语言平缓、朴实，像在和你聊天，让你能随着他的镜头"入戏"。平心而论，这段影像可谓货真价实的视觉盛宴。我看完的感觉是，意犹未尽，哪天还得再去。

艺术馆二楼是罗红的摄影作品展厅，每年都有一部分是罗红最新的作品。那是他在地球村捕捉到的难得一见的美景。2020 年冬季，罗红把他在西藏南迦巴瓦峰拍摄的作品呈现给了观众。

艺术馆一层是咖啡厅。造型优美的黑天鹅美味蛋糕吸引着孩子们的味蕾。罗红摄影艺术馆对 15 岁以下的孩子免票，但须有家长陪同。成人需要购票，票价虽比故宫门票贵点儿，也还说得过去。在享受完视觉和味觉这两道大餐后，人们大都觉得物有所值。否则，能这么火爆吗？把一个艺术馆办得如此有声有色！这个罗红，不简单。

21 世纪的第一个 10 年，也是祖国快速发展的 10 年。民营企业家迅速地完成了他们原始资本的积累。一部分人在物质上开始追求奢华生活，还有一部分人在寻找更大的平台，以展示自己的抱负和人生价值。在这个大背景下，环境署开展了和一批中国企业家在环保领域的对话与合作，罗红就是最早和环境署合作的中国企业家。

一、"齐天大圣"与"武士勋章"

罗红是 2006 年到访联合国环境署总部内罗毕的。在中国驻肯尼亚大使馆和环境署的共同支持下，罗红在环境署举办了以环境保护为主题的个人摄影展。时任中国驻肯大使郭崇立出席了开幕式并讲话。来自四川的罗红用浓重的乡音大声地表达了自己对大自然的热爱与情怀。在场的联合国同事从他那充满激情的声音和肢体语言中就能感受到这份情感。众人没等翻译把他的话译完就报以热烈的掌声。这是中国人第一次在环境署办摄影展，作为一个中国籍职员，我感到很骄傲。展览期间，罗红与环境署执行主任施泰纳进行了首次会谈，开启了与环境署合作的旅程。作为中国民营企业家，罗红率先登上了世界环境舞台，想来这不仅是他有非凡的见识，还应是他纯朴的本性和良知使然。

罗红个子不高，精瘦，眼睛不大，但聚光，犀利有神。他不是个"安分守己"在家过日子的男人，是一刻也消停不下来的那种。为了捕捉美景，也不知他到底围绕地球飞了多少圈。更有甚者，一次，他邀请我和他一起在非洲拍片子。起飞前，他竟把直升机的门卸下来，放在一边。再把安全带拆下来，用带子把自己的腰与座位腿绑在一起，以方便他能把身子探出机外，在空中有更大的视野来选择拍摄角度。我之前曾在不同的国家乘坐过不同类型的直升机，包括"黑鹰"直升机，我从不知道也没想过可以卸下机舱门再飞的，不知道也没想过安全带也能卸下来再那样系！我们都是规规矩矩严格按乘机要求，老实坐着的。眼下要乘坐这没门的直升机升空，我一时有点儿不知所措。在那次拍摄过程中，我的注意力基本被这位"猴王"不停挪动身体、手中照相机快门"嚓嚓嚓"以及座椅腿和安全带金属扣撞击的声音所牵走，从而我从空中俯览大地美景的心情大打折扣。从那次起，我尊称他为"齐天大圣"。当然，这位罗红同学活泼但不失分寸，2011 年 11 月 29 日，肯尼亚总统为他授勋时，他的表现还是相当得体的。

肯尼亚政府给罗红授勋是实至名归。在北京乘坐地铁的同胞们大都熟悉罗红这个名字和他那震慑人心的作品。不少人从那些照片中感悟到肯尼亚动物天堂的魅力，进而引发了到肯尼亚旅游的热潮。2010 年那一年，中国到肯尼亚的游客数已经过万。这不一定是罗红当年拍摄野生动物的初衷，而他对肯尼亚旅游业的贡献也是不争的事实。

二、罗红的见识——建环境署中文网站

罗红与环境署合作的第一个切入点是资助创建环境署中文网站。联合国的工作语言有六种：英文、法文、西班牙文、中文、阿拉伯文及俄文。2007 年之前，环境署网站仅有英文、法文、西班牙文三个语种。因经费所限，网站没有其他语种。罗红在访问期间，得知环境署网站没有中文后，决定出资赞助。自此，联合国环境署中文网站开始运行。该项目的意义在于为全球华人提供了一把打开全球环境保护知识大门的钥匙。与此同时，在网站内容上，我们也介绍了与罗红合作的环境项目，这使罗红这个名字在地球村更加广为人知。合作只有双赢才可持续，可见罗红颇具卓识，选择了一个好项目。

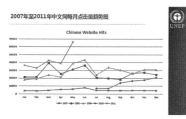

罗红赞助的环境署中文网站
在 2007—2011 年全球的点击量趋势

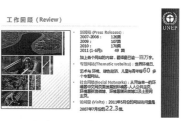

环境署新闻司中文组 2011 年
向罗红汇报的提纲

罗红资助中文网站从 2007 年开始至 2014 年。之后，环境署中文网站仍在运行。这应归功于该网站在全球的影响和正面反馈日益增大，环境署对该项目在资金上的安排已不是个问题了。

三、罗红的爱心——保护火烈鸟

纳库鲁湖是肯尼亚重要的旅游景点之一，也是火烈鸟在东非最重要的栖息地。最多的时候，这里的火烈鸟达到 150 万只左右。有段时期，由于人为污染，鸟儿们或是惨死，或是迁徙，只留下一个凄凉死寂的湖面。对纳库鲁湖中的火烈鸟和鹈鹕，"齐天大圣"罗红昵称它们为"火烈鸟兄弟"和"鹈鹕大哥"，对它们时常惦念，非常关爱。2007 年，罗红带领全家来到纳库鲁自然保护区，慷慨资助肯方保护区当局的火烈鸟项目。联合国和国际组织专家提供技术支持，与肯方一起完成了保护区的污染源摸底调查和总体治理规划，为下一步治理污染、改善保护区生态环境打下了基础。2012 年，经过数年的治理和保护，纳库鲁湖的水质与生态已经有大幅改善，火烈鸟和鹈鹕们又陆续地回来了，虽然还达不到当初的数量，但已经很令人开心和欣慰了。

四、罗红的情怀——培育环保种子

2007 年，罗红发起和赞助了联合国环境署中国儿童环保知识教育计划，包括年度中国儿童环保绘画大赛。自 2008 年到 2013 年止，该大赛共举办了 6 期，有 1400 万中国儿童和近千名老师参与了这项活动。罗红说，如果平均一下，在中国 960 万平方公里的土地上，每平方公里，就有一名中国儿童参加过环保活动了。这是在中华大地上培养环保小苗啊！他的梦想是，在未来的中国，甚至在我们这个星球上的每一平方公里，都有一个环保卫士，那么我们就会永远拥有一个美丽的家园。联合国副秘书长施泰纳对此项目非常支持。中方项目组希望能有位知名人士担任教育计划的负责人，并提出由施泰纳的夫人担当此任。众所周知，联合国对职员配偶参与联合国事务有严格的规定和纪律。制定这些规矩的目的是要维护好联合国这块金字招牌，使之不受损。但它并不是一刀切，并不禁止职员配偶参与任何与联合国有关的活动。例如，联合国鼓励职员配偶和其他家属踊跃参加环境日活动。在请示纽约联合国总部后，施泰纳的夫人利兹·利好伊博士自 2008 年起担任联合国环境署中国儿童环保知识教育计划的组委会主席和中国儿童环保绘画大赛评审委员会主席。

获得大赛一等奖的儿童由一名家长或老师陪同，到联合国环境署总部内罗毕领奖。费用由罗红在环境署创建的罗红环保基金资助。这是有史以来，中国企业家在联合国环境署设立的第一个基金。

如今，当年参赛和获奖的孩子们都已经长大了。他们的一些家人近日在网上评论说孩子们能有机会参与环保绘画大赛，并到环境署总部领奖，是孩子们的幸运，是孩子们终生的财富。这项活动大大开阔了孩子们的眼界，孩子们现在对环保仍非常关注。是啊，这些孩子很快就长大成人了。罗红播种的环保种子，必定会在中华大地乃至地球村开花结果的。罗红不仅用镜头把美的瞬间留给当代人和后人，还培养了环保幼苗，把爱心留在人间。

获得绘画大赛一等奖的肖珺心
同学给王之佳画的素描像

五、罗红亲历的故事

自 2008 年起，罗红每年都会带领中国儿童环保绘画大赛的获奖儿童到环境署总部领奖（2013 年罗红因故未去）。关于这些经历，他讲了三个感人的故事。

【故事一】我带妈妈去非洲

2011 年到联合国环境署总部领奖的孩子们中，有一位文静纤弱的小学五年级女生，她来自四川成都市，叫陈美辰。当她从联合国副秘书长、联合国环境署执行主任施泰纳手中接过一等奖证书时，她那童稚的眼神里透着几分敬畏和喜悦。台下的母亲周月明自豪地对我们说："这是我的女儿。"

2007 年，美辰得了一种严重的血液病，医生断定说只能活一周的时间。

没想到，在妈妈的悉心照料下，美辰神奇地活了下来。这时，她看到了中国儿童环保绘画大赛的消息，就决定要参加比赛，争拿一等奖。她要带妈妈去非洲，以感恩妈妈让她重新获得了生命。第一次参加大赛，她获得了二等奖。女儿对妈妈说，我要继续参加环保活动和绘画比赛，我一定要带妈妈去非洲。妈妈说，美辰第二次没有获奖，第三次比赛获得了三等奖。这次是她第四次参赛，终于如愿以偿，荣获一等奖，实现了带妈妈来非洲的愿望。

看不出这位不大爱讲话的美辰，娇弱的身体里竟蕴藏着如此坚韧的意志力。罗红对美辰同学说："衷心祝贺你，美辰！衷心祝愿你在今后的道路上像小鸟一样，快乐茁壮地成长！也希望我们所有的小朋友也都能像美辰一样，坚强地成长。我们的每一个小小梦想，都可能经历挫折和失败，我们要凭坚韧不拔的意志，不屈不挠地去实现它，这样，我们的人生才会无比精彩！"罗红这番话，是说给美辰的，也是对所有小朋友的期望。

陈美辰同学后来以优异的成绩被复旦大学录取，成为一名大学生。之前，她曾对我说："王伯伯，您在联合国等我。"

2019年春，她大二时，有一段时间曾跑到同济大学－联合国环境署环境与可持续发展学院旁听我在晚上教授的"走进联合国"通识课。她真是个坚韧的女孩。看来，她是在一步一步地迈向国际舞台。陈美辰同学在复旦大学就学期间，努力拼搏，成绩优异。2022年大学毕业后，她考取了香港浸会大学电影编剧专业的研究生。

【故事二】猎豹孤儿

在肯尼亚北部的穆吉保护区，克劳斯主任忧虑地讲，这个区有26头犀牛，都归肯尼亚国家所有，2013年有3头被偷猎，希望大家共同呼吁，禁止偷猎行为。他的妻子苏珊娜指着身边的猎豹，讲述了这个孤儿的故事。

在此2年半前，他们夫妇在保护区内发现了刚刚出生的小猎豹，大约只有8厘米大。她的母亲躺在附近，已经死去，但外表看不出伤痕。为了弄清楚原因，克劳斯解剖了该遗体，发现它的肝脏已被击碎。据分析是野牛所为。他说，猎豹是种脆弱的物种。它的爪子和躯体不适合搏击，它猎取羚羊采用咬住其喉咙使其窒息的手段，而不是用牙撕咬或用利爪撕扯。为了养活猎豹孤儿，克劳斯夫妇花了一个月时间来调试喂奶的配方，终于合了小猎豹的口味。幸亏小猎豹还没来得及吃母奶，否则，调试的难度会更大。我们看到的猎豹已经长成，它很害羞，怕见生人，平时喜欢依偎在苏珊娜身边，每周有三至四次陪同苏珊娜睡觉。克劳斯是肯尼亚的名誉野生生物监护人，因此，有权饲养遗弃的动物孤儿。

"如果一个人做不了大的善事，他可以怀着伟大的爱去做些小事。"

【故事三】是谁杀死了犀牛妈妈？

经利好伊博士的介绍，罗红访问了目前在肯尼亚最成功的犀牛保护地——奥尔佩吉塔。他在那里了解到，1970 年时，肯尼亚拥有 20000 头犀牛，仅过去 10 年的时间，到 1980 年时已骤降为 1800 头。随着禁猎的法律在 20 世纪 70 年代生效，到 1990 年时肯尼亚的犀牛数量维持在 500 头。据肯尼亚野生动物管理局发布的报告，2020 年肯尼亚的犀牛总数达到 1605 头，且没有发现 1 例盗猎死亡。

2010 年之后，偷猎事件由于一些地区增大的市场需求量而陡生。在肯尼亚，平均每年有 30 头犀牛被偷猎。肯尼亚犀牛保护地负责人马丁先生展示了一幅幅惨不忍睹的犀牛被割去角的血腥图片。他还打开了办公室内置放的冷冻箱，里面有一个本来即将要来到这个世界的雌性小犀牛。她此时躺在冰冷的冰箱中，无声地质问着：这是为什么？是谁杀死了我的妈妈和我？

我们还看到了世界上仅存的 7 头非洲北部白犀牛中的 4 头。其余 3 头，1 头在捷克，2 头在美国，均已丧失繁殖能力。人们指望在肯尼亚的这 4 头白犀牛能担起繁衍种群的重任，让那令人悲哀的灭绝时刻晚点到来。

"如果地球上其他物种都灭绝了，只剩下人类和蚊虫，那生命还能精彩，生活还能美好吗？"罗红问。

其实，人类的贪欲最终会毁掉人类自己。这是地球上少数人从不去想，也从不顾及的后果。

六、联合国"气候英雄"罗红

联合国环境署为了鼓励各国的政治领导人、环境团体、杰出环保项目和人士，在不同时期，设立了不同的年度奖项，名称不同，如"环境金奖""全球 500 佳环境奖""地球卫士奖"，还设有"亲善大使""环境大使""气候英雄"等不定期授予的荣誉称号。

联合国环境署奖项的评审，由联合国邀请的国际著名环保人士组成的评审团最终决定。申报奖项的通知会提前数月通过总部和联合国各区域办公室网站公开发布。秘书处根据规则和标准初步筛选，并提出名单交由评审团审定。为了保证环境署大奖的信誉和影响力，奖项的名额很少，原则上是按联合国划分的全球5大区域平均分配。称号授予的名额也是按此原则，不同的是，称号的评审不是年度性的，而是不定期的，按需而设。

"气候英雄"称号的奖项评审工作由联合国环境署、《联合国气候变化框架公约》秘书处和联合国系统内环境协调组（该组是由联合国17个专门机构组成的协调机制）3个机构组成的评审团来开展，在全球五大区域范围内推荐的人选中评议产生获奖者。该奖项用来表彰全球为应对气候变化做出杰出贡献的环保人士，是迄今为止仅有的由联合国3个机构联合颁发的气候奖项。

2009年，联合国环境署为配合该年年底在哥本哈根举行的联合国气候变化大会，拟在全球选出5位在保护环境和应对气候变化方面做出卓越贡献的环保人士，授予"气候英雄"的称号。中国著名摄影家、国际知名环保人士、好利来总裁罗红是亚太地区获此殊荣的唯一人选。

联合国环境署将这个奖项授予罗红，是基于罗红对国际环保事业的贡献。罗红资助或亲自参与联合国的环保项目有培训全球青年环保领袖、肯尼亚纳库鲁湖火烈鸟保护项目、南部非洲国家人与大象冲突问题的解决、2008年北京奥运会联合国环境署环境影响评价报告等。罗红还资助并参与了联合国环境署中国儿童环保知识教育计划，组织开展中国儿童环保绘画大赛，培训青年教师近万名，面向千余万儿童传播环保知识。2009年，罗红还带领他的员工植树6000棵，并把植树计划作为其企业应对气候变化的专门项目加以长期执行。

2009年6月5日，世界环境日主场纪念活动在韩国举办。联合国副秘书长施泰纳出席了联合国环境署"气候英雄"称号授予仪式，并亲自将联合国荣誉证书递交给罗红。在颁奖仪式上，罗红用四川话喊出了他内心的感言。来自全球的数百名参会青年被他的气场所感染，群情激动，气氛热烈，现场的翻译似乎显得不那么重要了。实际上，在场的翻译也被罗红所吸引和感动，乃至走神忘记翻译了，这样的情况在国际场合真不多见。

罗红获得的由联合国副秘书长签署的联合国环境署
"气候英雄"证书

　　在地球村行走，大家都明白一个道理：人世间，受人尊敬的不是地位和财富，而是人品。和罗红交往，你能感受到他的朴实、真诚和良知。看看当今的世俗社会，不少人在攫取巨额财富后，各有所好，各有所为。至于对社会的责任，那就两说了。反观罗红，他懂得挣钱和回报社会。他是联合国积极倡导的"企业社会责任"的实践者。自古以来，富商大贾多如牛毛，而传世流芳者寥若星辰。罗红为社会做出的事情可能长久不会磨灭，至少在那些孩子们的心中是这样。

　　我曾问罗红，走到今天，何能如此？罗红说，在他17岁走出大山前夕，他父亲教给他两句再朴实不过的话："今后无论做什么事，都要对得起自己的良心；不管走到哪里，都要给身边的人带来快乐。"这话就像灯塔一样指引他前行。

第二节　北京学校

　　东非肯尼亚是个美丽的国度。首都内罗毕是个世界名城，也是联合国办事处所在地之一。每年东非稀树草原的动物大迁徙是动物世界的奇观，吸引了无数人的目光。内罗毕市郊有片贫民窟——基贝拉，据说是非洲大陆目前面积最大、人口最多的非正式居住区，约有200万居民，这个基贝拉就不像动物大迁徙那么吸引人的注意力。

内罗毕周边贫民窟中第二大的叫玛萨瑞，人口约 50 万。北京学校就建在这个第二大贫民窟内。对世界上这样的棚户区或贫民窟，联合国统称为非正式居住区（informal settlement），而不用贫民窟（slum）一词，以示对该地居民的尊重。这些地区往往犯罪率较高，一般人不敢贸然前往。其实，社区内部的管控还是很有章法的。如有外人进入该区，社区头目很快就会知道，他们布有眼线。联合国人员和该社区组织有工作联系，去前先和他们打个招呼，就不会有问题。因建厕所和雨水收集等项目，我曾多次去基贝拉，从未遇到过任何麻烦。值得一提的是，在社区组织工作的人员中，有不少是受过高等教育的专业技术人才。他们没有去市内或其他地方另谋高薪，而是甘愿拿微薄的薪水参与社区建设，为穷人服务。玛萨瑞北京学校一期的设计和施工就是在基贝拉社区组织内的工程师的协助下完成的。他们是一群有情怀、值得尊敬的人。

2005 年的一个周末，联合国的志愿者和实习生约我一起去玛萨瑞做事。实习生大都来自欧美大学，学校鼓励学生做社区公益活动，并将其列入学生学期末的考核事项。临行前，我关切地问："咱们到那儿找谁联系啊？"众口答："MCEDO。"MCEDO 的全称是 Mathare Community Education Development Organization（玛萨瑞社区教育发展组织）。MCEDO 没校舍，几位老师和 200 余名学生分散在 7 个家庭上学。我们抵达后，美国普林斯顿大学的一位男生钻进一个棚户，去给孩子们上文化课。法国索邦大学的一位女生到另一个棚户教孩子们玩些游戏、做些手工。英国伦敦政治经济学院的两位女生和校方工友为孩子们准备一种用玉米面做的主食 ugali，玉米面是这些可爱的年轻人设法从联合国粮食计划署"化缘"来的。有了吃的，便可使那里的孩子特别是女孩避免因饥饿讨食而可能遇到伤害。玛萨瑞居住区内，人们住在铁皮搭的房子里，没有上下水和厕所，粪便、垃圾遍地，臭水横流。看到挤在几个铁皮屋内的孩子们求知的眼神，我随即产生了建个学校的想法。2006 年，中国新任驻联合国环境署代表张明大使得知这个项目建议后，上任不久就落实了建校所需的主要资金。

时任联合国环境署咨询专家余明艳博士毕业于南京大学。她在业余时间协助 MCEDO，在征地、校舍设计、工程预算、施工队伍安排、施工经费管理等一系列事项上，做了不少具体的管理和协调工作。经过各方努力，不到一年，可容纳 200 余名学生的简易校舍就建成了。这是中国大使馆、联合国环境署、肯尼亚三方合作的结晶。该校取名为"MCEDO 北京学校"。看到中国五星红旗和联合国旗、肯尼亚国旗并列镌刻在学校标牌上,我很自豪。这是我在联合国参与类似项目所树立的带有中国国旗的第五块标牌。

学校落成那天,联合国副秘书长施泰纳、中国常驻联合国环境署代表张明大使、环境署区域合作司司长克里斯蒂娜以及肯尼亚教育部副部长等出席了庆祝活动。我们坐在能遮风避雨的简朴教室内,听 MCEDO 校长齐亚基给我们讲的第一堂课:"Together, For a Better Future"(携手并进,为了更好的未来)。MCEDO 每年都有学生代表队参加肯尼亚的学生运动会和其他比赛并获奖,每年都有学生考上高中,进一步接受高等教育。

到 2013 年年底,北京学校已有 740 多名在校生,校舍已经显得过于拥挤。联合国同事和志愿者开始考虑学校扩建的可能性。

第一个是资金问题。联合国同事、实习生、志愿者等人分头到各处联络,其中中国籍同事数次到肯中经贸协会求助,时任会长单位是中国路桥公司。协会成员单位的代表们听了有关汇报后,经商议,明确表态支持此项目。关键的资金问题落实了。这彰显了中国企业在海外实施项目期间所表现出的企业社会责任和爱心。

二期校舍的设计是由香港中文大学的朱竞翔教授和同济大学黄正骊博士承担并无偿做的。朱教授团队对设计精益求精,方案因地制宜,简朴实用。例如该校厕所的设计,采用的是功能划分的旱厕概念,简单实用。

第二个是建材购置。由于资金有限,建材在国内购买相对省钱。该校采用的是新型建材,美观实用。朱教授根据在内地了解的信息,促成了国内供货厂家以优惠价格提供并海运到肯尼亚蒙巴萨港口。黄博士承担了校舍建设项目实施的监管任务,包括同肯方教育部联络、建材进口清关、校舍预制件现场的保护与安装。其中玛萨瑞社区组织在保护建材安全、提供现场施工劳力方面发挥了关键作用。

2014 年,北京学校二期扩建完成,740 名在校生有了新家。这个新颖实用的校舍成了玛萨瑞社区的标志性建筑。

2014 年 3 月 31 日,在联合国为我举办的告别招待会上,MCEDO 北京学校校长齐亚基率部分师生代表来和我话别。我明白,这不仅是和我告别,他们更是利用这个机会向联合国的叔叔、阿姨、大哥哥、大姐姐们致谢来的。纯朴的孩子,欢快的舞蹈,看得我热泪盈眶,终生难忘。联合国工作压力很大,加班加点是常态，但大家对公益活动都非常热心和慷慨。我不好在这个场合就 MCEDO 一事再呼吁大家做些什么，我相信同事们、实习生们会继续关注 MCEDO，关注那些需要帮助的孩子们！

在做公益的过程中，我学到了两点。一是捐助者和受惠者是平等的。在言行中，捐助者要尊重受惠的弱势群体。二是关于捐赠的资金和物资，捐赠者要和接受方组织者协商，做好计划和具体安排。物品不可随意在人群中散发，包括向孩子们撒糖果。那样不仅效果差，而且有人身危险。

第三节　胡鲁玛村

写作本书时，新冠疫情仍在全球蔓延，确诊人数有增无减，令人焦虑。在京居家防控期间，我时时想起肯尼亚。相比邻国，肯尼亚的医疗和经济发展程度稍好些，但要应对这场百年不遇的疫情，实在让人担忧。尤其是联合国大院旁的那个胡鲁玛村，不知那里的人们是否还好。

肯尼亚首都内罗毕，像中国的春城昆明，气候宜人。坐落在郊区吉吉里的联合国内罗毕办事处，院落收拾得如同花园。精心设计的办公区错落有致，办公室内的装修，简约、实用、舒适且不奢华。

进入大门后，是可通向联合国办公区的国旗小路。路口旁花坛中竖立着联合国会徽，默默昭示着这块领地的归属。

紧邻联合国内罗毕办事处大院的地方，有一个非正式居住区——胡鲁玛村。这个近在咫尺的村内，没水，没电，没厕所，居住条件相当简陋，该村居民多是为联合国职员提供生活服务的雇工，如保姆、保洁员、园丁、保安等。内罗毕亦是一个富人和穷人共处的世界。

在联合国大院，同事间谈起家里的佣人时，常常提到胡鲁玛村。大家都知道这个村的生存状况。能做到的就是每逢年节，会给家里的佣人额外的补贴，或是现金，或是衣物。大家也曾感慨，若是能给他们建个卫生设施就好了。这个村没有厕所，村民都是自寻僻处，露天解决。饮用水靠每天的送水车运送。2 先令（约合人民币 1 角 4 分）一大桶。联合国大院内人们的看法逐渐趋向一致——给村里建个卫生设施。这就是胡鲁玛村生态中心项目的起源。它是我在联合国就职期间参与的另一个公益项目。

目标确定后，资金就是首要问题。热心的青年志愿者开始四处活动，分头寻求支持。在中国驻肯尼亚大使馆举办的一次活动中，大使兼常驻联合国环境署代表张明听取了我们详细的汇报。他在询问了几个问题后，表示可积极考虑。不久，我们就接到好消息，中国使馆可资助大部分经费。与此同时，肯尼亚的 ABC 银行和几个公司也同意提供一定的资金和建材。

资金落实后，项目的前期准备工作随之启动了。环境署区域司、非洲办，以及人居署的同事们和实习生利用茶休时间，凑到一起开会，分工合作，逐项落实。

生态中心项目的设计方案是：一层为厕所和淋浴间；二层是卫生所，供医务人员租用；三层是屋顶露台，供社区居民举办社交活动用。顶棚设计有雨水收集功能，连接储水大罐，可部分解决厕所和洗澡用水。

这个公益团队中，主力队员是前文提到的余明艳博士。她自始至终牺牲了大量的业余时间，承担了项目中许多具体工作。在征得肯尼亚有关方面的同意和参与下，余博士和胡鲁玛社区的负责人切格一起到该社区做了社会调查，并把每个棚户都编了号，统计出这个区的常住人口数，我记得是 1600 多人，其中儿童约占半数。这可能是该村有史以来进行的第一次很靠谱的人口普查。所得数据提供给设计单位——来自基贝拉社区公益组织的专业人员。之后，余博士又承担了这个项目的财务预算、协调参与工程的各方之间的事务等。

项目施工的管理由志愿者团队和受过培训的社区人员负责，施工由胡鲁玛村居民完成，实行以工换券。该卫生设施是有偿使用的。出工者记工分，设施建成后，凭工分换券洗澡上厕所。

记得 2008 年 2 月 14 日开工那天，胡鲁玛村居民像过节一样，穿上鲜艳的服装，载歌载舞，与支持项目的各方代表共同庆祝这个好日子。尽管这个项目在一般人眼里，可能显得微不足道，可对村里的居民来说，这解决了他们日常生活中的大问题。

鉴于联合国官员与志愿者在该项目的前期策划、筹资、设计、施工、建立生态中心后续管理制度、培训社区管理人员等诸多方面所做的贡献，胡鲁玛村生态中心建成后，其项目标牌上，联合国旗与中国国旗、肯尼亚国旗并列。这彰显了该项目是三方团结合作、共同努力的结晶。

我要特别讲讲两位在该项目中遇到的伙伴。一位是肯尼亚基贝拉社区公益组织负责人。以他的专业水平和能力，他若在别处谋职可获得更丰厚的收入。可他选择留在了"生于斯，长于斯"的基贝拉，为社区人民服务。看得出，他过得很快乐。他是基贝拉的儿子。在玛萨瑞和胡鲁玛社区项目中，他慷慨地帮助我们完成了项目的协调、施工的组织和质量保证。他征得了肯尼亚市政供水部门的同意，在玛萨瑞北京学校和胡鲁玛村生态中心建成后，让当地居民能用上价格优惠的饮用水。他是我非常尊敬的、难以忘怀的一位肯尼亚朋友。

另一位是联合国非洲办同事亨利。是他为我引荐了基贝拉的合作伙伴。为立项，他四处奔波，疏通了肯尼亚政府一系列有关环节。为使项目更好地实施，他提出了一些建设性意见，例如在生态楼屋顶增设雨水收集设备。一次，我们到胡鲁玛村，正赶上下大雨。他看着落雨有经验地说，这雨照这样下 20 分钟，屋顶雨水收集设备就可把那几个配套的储水罐装满。亨利是个有情怀的同事。在项目执行过程中，他除了搭上周末和节假日时间外，还常自掏腰包支付项目上临时冒出的些许花费。他是一位难得的可以坦诚共事的好伙伴。

时间真快，往事都以 10 年计了。胡鲁玛项目是我在联合国职业生涯中一段愉快的公益活动。提起它，就想起肯尼亚那些快乐的事，善良的人。不知如今胡鲁玛村的居民生活得可好？真想回去看看他们。祈愿他们能平安度过眼下这场肆虐全球的新冠疫情！

2018 年 10 月的一个数据显示，世界上有 9 亿人没有厕所。希望到 2030 年——联合国可持续发展目标收官之年，这个数字能有所变小。

第四节　女爵士之树

在联合国工作期间，我有幸结识了一些有意思的人，其中不乏一些闻名于世的名人。薇薇安·威斯特伍德就是我结识的诸位名人中的一位。

那是一个星期天的下午，我在家看书，忽然手机响了，是好友利兹打来的，她问我是否愿意去她家喝下午茶。我正好想出去溜达一下，就答应了。她那离我这不远，开车转眼就到了。利兹招呼我到院内的木桌旁，把我引荐给先来的两位客人。中年男士叫安德里亚，女士叫薇薇安·威斯特伍德。他们着装得体，不奢华但讲究。多年来，我除了对环保，似乎别的都不大关注。当时，我竟然不知道这位英国老太太是何方神圣！薇薇安看出我不知道她是谁，便自我介绍："I'm Dame Vivienne Westwood."（我是薇薇安·威斯特伍德女爵士。）利兹插话说，薇薇安是 20 世纪 60 年代风靡世界的朋克运动的创始人，目前是世界著名时装设计师。我一听是 Dame（女爵士）便意识到这个女人不寻常。这女爵士称号必须是由英国女王授予的！利兹这一介绍，使我和她的这次聊天变得正儿八经起来。话题围绕着环境和艺术。我们先是就她关切的巴西亚马孙热带雨林和气候问题聊了一会儿，转而又聊到她近期的上海之行。她对上海博物馆藏品，包括中国书画珍品印象很深，对其中藏品的点评颇有见地。我们谈得很融洽，并交换了联系方式。

那次见面后，我们时常有些邮件来往。当和同事米娅喝咖啡谈及此事时，她建议我写幅字给薇薇安，并提议说，要写就写"绿色经济"，请她利用其影响力一起和我们推动这个理念。我觉得这倒是个好主意，只是自己的字太糙。等练得看得过去了再写还不知要等到哪一年。踌躇了些日子，决定还是硬着头皮写了幅 3 尺整张的。自忖，反正鄙人是为了环境与发展才献丑的，懂书法的人不会太跟我过不去。记得上款我写的是"薇薇安·威斯特伍德女爵士惠存"。此字寄出后我也就忘脑后了。大约是 2010 年夏天，记不清了，我到上海出差。市里负责接待的一位女士见面后跟我说，她在网上看到著名时装设计师薇薇安最新一款时装用了中国元素，并在纽约时装周上亮相了。然后紧接着小声问我："那'绿色经济'四个字是不是您写的？""这事我还真没听说。"我答道。后来在网上找到一看，果然是那幅字。真有点不好意思。

薇薇安·威斯特伍德设计的
倡导环保的时装

薇薇安之后在与我的通信中，以她对艺术和科学的深刻领悟，对世界、人类、可持续发展，阐述了其独到的见解和理念。很有意思的是她亲手画的颇有哲理的那棵树。她请我与中国的年轻人分享，她大概认为年轻人更容易接受环境教育，是世界的未来吧！

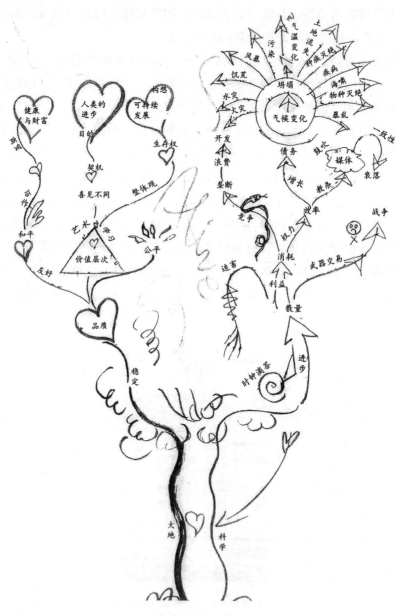

薇薇安·威斯特伍德手绘的树

薇薇安这棵树的左边分枝为理想世界，如果我们敬畏科学，那么它就可实现。这个世界的第一代传人名叫"品质"。他若与"稳定"联姻，必将迎来真正进步，安享优越生活。他们最重要的孩子"价值层次"为家族增添了"艺术"。"艺术"又可以繁衍出"文化""道德"与"结构"，他们取代了现实世界中的无度与混乱。于是我们可以说，艺术家是为实现更美好的世界而战的自由斗士。

价值层次理念对于实现世界的可持续发展至关重要。理念制高点即我们最强的愿望与认知能力——艺术与学习。

艺术家角色关键。他认为万物皆有其内在价值，优劣皆存；他诚心热爱万物，喜见事物本真；欣喜于万物的多样性与可持续发展；于他来说，万物紧密相连方显世界活力与契机。

统观左边分枝，可见其考虑到我们人类的需要——稳定，即舒适加无忧的生活。彼时，我们才会屈服于自己的本能。

右边分枝被所谓进步机械论所主导。逻辑在于：人类行为被同一机械性规则所支配，就像同一模具制造的产品，因此所有人的需要也是相同的。

单就人类求生的动物本能而言，此逻辑并无错误。但是现在，进步机械性已不合时宜。人类于今已不再只是寻求生存与追求物质数量。为了更容易地支配世界，少数强势者将这个局限性的进步机械论强加于世界民众。

我们的家族之树，母亲为大地，父亲为科学。现实中，他们结合后所创造的世界已惨遭我们的破坏——右边分枝。

如果我们停止破坏，并倾听父母的心声，那么我们还有机会迎来那个更美好的世界——左边分枝。

这棵树的寓意明显，选择权在我们手中。问题是很多人没有意识到这个道理，还有很多人意识到了却没有行动。我认为，最令人担心的是，地球上的人们一边走上绝路，一边爱听乐观的话。

2015年9月11日，我从新闻中看到薇薇安的消息。她站在装甲车上，到时任英国首相卡梅伦家门口，抗议政府使用"水力压裂法"开采页岩气。

国内不知何人给这位英国时装设计师起了个雅号："西太后"。有意思！薇薇安·威斯特伍德这位"西太后"，是个有愿景、有情怀、有思想的人！

第五节　联合国一日

早晨，天刚蒙蒙亮。住处的院子里总是有一只不知名的小鸟先叫几声，随后，众鸟便跟着齐唱，迎来了新的美好的一天。我躺在床上，揉搓着面部、耳部，让自己精神起来。瞥一眼窗外，朝霞把蔚蓝色天空中飘着的白云逐渐染成了粉红色。我趿拉着拖鞋，趴在南窗台上，呆呆地望着这大自然恩赐的美景，心里真想就这么待着，不去办公室！

内罗毕地处赤道以南，海拔 1700 米，气候凉爽，四季如春。日温差大于年温差，日出日落在早晚六点左右，终年相差不大。

内罗毕美中不足的是治安有点儿糟。我的居处只能选在治安稍好、房租较高的内罗毕穆塞伊嘎区。该区在英国殖民时代是不允许黑人穿行的高级住宅区，从各户门前那与众不同、修葺讲究的草坪仍可看出昔日殖民时代的遗风。此外，肯尼亚前总统的私宅、英国高级专员官邸（英联邦成员国互派代表国家元首的首席外交官均称高级专员，而不称大使）、美国大使官邸、联合国副秘书长居处等都在这个区。我客居的木制两层小屋是个有故事的地方。小木屋是 1924 年从挪威整体移到内罗毕的。那次，王石先生到我家，在了解了这个小屋的历史后，对我家卫生间的马桶产生了浓厚的兴趣。他不愧是中国房地产业的大佬，对住房设计很投入，很注重细节。他说我家这种提压式抽水马桶在国内已几乎绝迹，属于古董级，没想到在肯尼亚看到了。看他那执着的样子，真想把那个马桶拆下来让他拎走。不少来访的朋友调侃说，这个名人故居在国内恐怕要拉根绳卖票了，还有人建议我干脆买下来运回国算了。哈哈！小屋原主人名叫爱德华·葛罗根，是一个英国人。

选择这居所，也是采纳了时任中国环保总局领导的忠告。临行前，领导曾叮嘱我，在联合国任职期间，用车、住所要和自己的身份相符。意思是别太抠，别为了省钱给中国人丢脸。

在我居住在这个小区的那些年里，除了听到一次稀疏的枪声外，没经历过什么强盗入室抢劫之类的治安事件。因条件尚可，它也是我经常举办家庭聚会的理想场所。

我洗漱完毕，走下小楼，到屋后的游泳池边打两遍太极拳。再围着游泳池走几圈，活动一下筋骨。我自上中学起一直保持着锻炼的习惯。泳池水是自动更换的，由于四周树木环绕，水面常漂着些树叶杂草，清洁工卡茂每天都会清理一下。池边的木屋一楼是客厅和配餐间，在这个功能区举行个几十人的小型招待会，也不显得拥挤。晚间，泳池灯光打开，景色宜人。

早餐一般是玉米面稀粥、面包夹煎蛋、水果和胡萝卜。我一边吃，一边翻看床头柜上昨晚写的备忘录。嗯，今儿午前要陪同执行主任见日本环境部①部长，想着出门穿那套深色的西装吧。再看看其他当天要办的事项，好心中有个数。这是多年来养成的习惯，床头柜上放一个本、一支笔，备记事用。

七点半左右，女佣佛罗伦丝一边喊"Good Morning, Mr. Wang"（早上好，王先生），一边兴高采烈地开门进屋。这位奶奶级的女佣是肯尼亚卢亚族人。每天，她总是那么快乐。是天生的乐天派还是她民族的文化使然？或许是两者兼而有之吧。她先把该洗的床单、衣服放到大盆里泡起来，然后，跑到门口洗我的车。她做事非常麻利。待我收拾停当，整装待发时，车已擦净。

我的居处距联合国大院3公里。2003年那会儿，开车离家到进办公室约需10分钟。随着交通逐年堵塞，以及联合国大院入门处安检逐步升级，到2014年时，车程约需25至45分钟不等。

在联合国大院内的停车场停好车后，我边走边和来往同事打着招呼。进了本司的办公区，路上一般都要与熟悉的同事聊上几句，诸如"你今天还好吧？家里每个人都好吧？眼下是木瓜或芒果上市季节吗？"之类的家常，以联络感情。

进办公室打开电脑，先看看一夜之间，这个世界都发生了什么。再查看一下邮件，是否有什么紧急公务，大约15至20分钟的样子。这时，秘书玛格丽特就会笑眯眯地拿着当天的工作日程给我派活儿来了。同时，抱来一摞文件，每天约有两公斤重，那都是需要阅批的。我的办公桌上靠右侧放了三个木制抽屉状的盒子，分别贴有 in（收件）、out（待送件）和 urgent（急件），待阅批的放在 in 盒子里，阅批完的放在 out 盒子里，秘书会在午餐前和下班前把 out 盒子里的文件收走，那个 urgent 盒子内的急件信函由专职送信员负责传送，通常要求8小时内处理完毕。

联合国内部会议常常安排在早上9点之后，给大家点时间先处理急事和准备参会事宜。如没有会议，则抓紧时间阅批文件，以挤出时间找同事沟通

---

① 1971年日本成立了环境厅；2001年起，环境厅升格为环境省（即环境部）。为便于理解，这里使用"环境部"一词，后同。

悬而未决的事项，但这种情况不多，往往是一天快下班时才腾出手来看文件。

我拿过秘书玛格丽特送来的日程，上午10点陪同执行主任施泰纳会见日本环境部部长。文后附有该部长的简历、环境署内日本籍职员的职数、日本政府向环境基金的捐款额度、与环境署的合作往来简介以及建议的会谈要点。这位新上任的部长是首次到访环境署。由于日本政府内阁常常重组，环境部部长随之换得就比较勤，有关资料更新的频率随之也比较快。这时，玛格丽特进来，提醒我该去"楼上"了。我看了下表，9:45，于是我就拿上那些由环境署亚太区域办公室准备的会见背景材料，前往对面平行的那座办公楼三层的执行主任办公室（俗称"楼上"）。执行主任会见政府代表，通常由我所在的区域合作司司长或副司长一人陪同，要提前10分钟左右到，向执行主任做简要汇报并回答可能涉及的问题。如有紧急和敏感问题，一定要汇报清楚，具体如何应对，他若问，可提些建议供其参考。作为国际舞台的风云人物，执行主任一般都会对敏感问题做出坦率得体的回应。环境署准备的会谈参考材料仅供内部使用。我所在的办公楼和执行主任的办公楼是并行的两排三层楼，相隔很近，中间有带篷走廊。从我办公室到施泰纳办公室约需3分钟。施泰纳平时着装讲究，今天深色西服配了一条黄地带小花的领带，一看便知牌子是意大利菲拉格慕。我笑了一下，我也喜欢这个牌子。精明的他今天心情蛮不错的。他看出我微笑的含义。我们相互问候毕，他问道："王先生，今天我们要问日本何时把环境基金的捐款恢复到之前的水平。""是啊！估计他们也会拿个单子向我们提条件。"施泰纳的特别助理库丽女士过来小声地说："他们来了。"施泰纳整理了一下西装，扣好西服上衣靠上的那枚扣子和衬衣领扣，扶正了领带，走到办公室门口站好。我站在他身后一步之遥，既能保持礼节性空间，又能听清他随时可能的耳语。库丽在门外说完"部长阁下请"，便退下忙她自己的工作去了。

这位新上任的部长个子不高，长得很结实的样子，有些威严，不苟言笑。陪他来的是日本常驻环境署副代表，年轻、英俊，以前在日本环境厅。我曾担任过7年的中日环境保护联合委员会中方主席，两国环境部门交往较多，我和他认识多年，相处得不错。

宾主落座后，施泰纳首先表示欢迎部长阁下来访，并期待和日本在全球环境与发展进程中有更多的合作。这位部长充分展示了日本人特有的认真劲。他坐着向施泰纳欠身点头示谢后，没有客套话，拿起准备好的问题单就逐项念了起来："第一，环境署应增加日本籍职员在环境署的职数，特别是高级职位。第二，环境署应……"眼看施泰纳刚才营造的轻松愉快的会谈气氛趋于凝固，窗外猴群出现了。其中一只大猴趴在窗户那儿往里使劲瞅，它一定不明白这些人类不吃不喝地坐那儿干吗呢。施泰纳见状指着猴子笑着对正在念稿的部长说："部长阁下，您看猴子来了！"专注公务的部长先生抬起头认真地注视着猴子，猴子与其对了下眼神，便颇觉无趣地离开了。这时，施泰纳针对部长提出的几条意见答复道："环境署将认真考虑和对待贵方提出的要求。同时，也希望贵国政府将给环境基金的认捐数额恢复到之前的水平。"施泰纳外交谈判的艺术、智慧和水平，从这几句简单的对应之辞便充分地展示了出来。联合国是为会员国服务的政府间机构，它倾听各国政府的意见，同时还要维护这个组织的正常运转和尊严，适时提出正当的合理的要求。在表达方式上，既坦率，又不失礼。随即，会谈结束。施泰纳起身在办公室门口与客人握别。我陪送客人到办公楼门口后，就回到办公室了。

出去的这一会儿，玛格丽特又在我的案头 in 盒子里堆了一些新文件。那个 urgent 盒子里出现了一份贴着粉红色小条的文件，是送信员约翰放进去的。我拿过那份急件一看，是会签件。阅后签了名放到 out 盒子里。午前那份急件会被取走的，急件按规定是 8 小时之内要处理完，而不是想象中如同摊煎饼那样立等可取的行事做法。这会儿，压在心里最重的一份文件是《联合国环境署对华战略国别报告》。这份文件是我提议和起草的，在征询了环境署各司和有关区域办的意见之后，耗时数月，仍差最后一关：如何征求东道国的意见。这个问题比较棘手。该文件是环境署内部文件，但又不是秘密文件，它是用于指导今后 2 年的国别合作的，不可能不征求东道国的意见。问题是若敞开了口子征求意见，那很难预测将耗时多久，可能 2 年也不一定能搞定，那这事就拖黄了。对了，看看司长 N 有何好办法。我给她秘书 R 打了个电话，问是否可以和 N 通个话。R 说："可以。接通了。"在电话里我和 N 谈了我对下一步推动国别报告完稿的顾虑。她听后说："可否聘用一位专家帮助完稿？司里还有一点点经费。"我很感谢她的建议和支持。下一步方案也随之形成：请国别报告的东道国推荐一位专家完成此项草稿，合同期为 3 个月。我随即起草了给区域办的邮件，请他们落实招聘一事，并附上合同要求和有关的预算细节。这件事终于又向前推动了一步，我不禁长舒了一口气。办公室的故事就是这样。每天都有好消息，每天都有坏消息。

玛格丽特静静地进来，递了个 reminder（提醒纸条）给我：今天 11:30 在代表议事厅（delegate lounge）与执行主任办公室大主管米凯利午餐。

联合国大院内有三个餐厅：两个自助，一个点菜。菜品有意大利式、非洲风味、印巴风味、法式，没有中餐。如想吃中餐，需出联合国大院到斜对过的中国园饭店。代表议事厅内的餐厅是法式和意大利式套餐，味道还可以，价格稍贵。平时人不多，环境安静，适于工作午餐，边吃边聊。

环境署的执行主任办公室大主管在执行主任的授意下负责掌控内部的财务和人事，保证组织日常运转。我和米凯利相处得挺好，几乎每个月都会约一次共进午餐，聊聊天，交换一些各自听闻的消息等。

玛格丽特又来到我的办公室门口，轻轻地敲了两下。时间到了。我向她点头示意后，便把桌上的文件归置一下，走出了办公室。内罗毕气候宜人，每年有两个雨季。即使是在雨季，也具有高原的特点：晚上下雨，白天放晴。平常，则是天天的蓝天白云。难怪联合国同事们评价，内罗毕是联合国 4 个办事处中自然条件最好的。我出了办公楼，望着院内的奇花异草，心情好极了。代表议事厅餐厅距办公楼很近，有甬道相连。午餐时间，院内人们来往不断，大家互相友好地打着招呼。这时，背后有人喊我："王先生！"那浓重的意大利口音，不用回头就知道是米凯利。米凯利是个大高个，长得帅。看得出今天他很高兴，似乎没有什么棘手的事在困扰他。"今天怎么样？"他颇显亲近地问道。"非常好。"我答道，"一个有趣的会见和一个实质性进展。咱们边吃边聊。"他听后开心地笑了："每次见面，你都会有故事分享，太好玩了。"到餐厅后，我们选了个两人相对而坐的位置。我点了一份尼罗河鲈鱼，米凯利点的是牛排。侍者给我们每人一杯凉水、一个面包筐和一小碟黄油。桌上放有橄榄油和醋等调味品。米凯利喜欢用面包蘸着橄榄油和醋吃。我通常愿在面包上抹着黄油吃。从米凯利的眼神中可看出，他在等我的故事。

联合国工作日的 11 点半至 1 点的时间段内，有半个小时午餐时间，大家一般都自觉遵守。偶尔谈话超时一会儿，同事们也都会低头快步赶回自己的办公室，如同被一条无形的鞭子在驱赶着。我简短地把今天发生的故事，特别是日本环境部部长来访时猴子搅局的趣事告诉米凯利。我们心里都很认可执行主任的精明和水平。"你那儿最近过得如何？"我问米凯利。"有点儿新情况。你还记得出去另谋高就的那位政治顾问吗？他在四处活动谋求下一任执行主任的位子呢！""不可能吧？"我质疑道，"他既没有政府高官的政治经验，也无在国际机构任高职的经历，不大靠谱吧?"米凯利感叹道:"世上有些事，最难懂的就是人心和人事关系。"不知为何，米凯利此时脸上露出一丝忧虑。那位前政治顾问的活动为什么会让米凯利这么闹心呢? 我不便问。谜底不久会揭开的，如果感兴趣的话。这时，非洲区域办的临时代办来找米凯利说话，我借机结清了自己的餐费便告辞回办公室了。

坐到办公桌后，我开始翻阅那堆似乎永远也看不完的文件。秘书进来又提醒我下午 4 点在小会议室参加一个招聘面试。联合国面试考核组通常由 4 位国际职员组成。执行主任办公室划定了一个约 10 人的小圈子，从环境署资深职员中挑选。每次参加面试的考核组人员还要看其是否在办公室或得空。这属于自己职责以外的差事，但值得参与，可广泛了解不同国家的文化和不同竞聘者的特点，也可了解其他成员在取舍的判断中所表露出的价值取向，很有意思。

过去十几年来在我所在的联合国机构里，面试一直是采用电话问答的方式进行的，即使被采访人就在隔壁也不与面试组见面。面试组是在一个小会议室。电话接通后，放在免提一档，大家都可以听清和提问。面试组 4 位成员轮流提问。每人根据手里拿的那份格式、内容相同的问题单提问，以示对应试者的公平。每次面试大约用时 30 分钟，其中问答 20 分钟，内部小结 10 分钟。

今天面试的是个 P3 的职位。4 位候选人均是来自联合国系统内的女性。其中一位曾受聘为专家，在大院见过面但不熟。面试开始后，一位曾在联合国纽约总部和刚果工作过的女士以她出色的口才、清晰的逻辑和娴熟的业务脱颖而出，获得了面试组的一致好评，排在了推荐名单的第一名。我原以为那位在大院当过专家的人选胜出的可能性较大，从考核组最终推荐的人选看，联合国招聘的程序和考核还是客观公正的，是择优录取的。

联合国下午是 4:30 下班。开往市内的各路班车是 4:40 发车。面试结束时，已 6 点多了，办公室的人大都走了。

今晚 6:30，荷兰大使在其官邸举行国庆招待会。两周前，我已收到请柬，并请秘书向荷方确认参加。肯尼亚在非洲政局稳定，经济发展平稳，在东非地区的影响和地位日益凸显。各国在肯尼亚开设大使馆的相比邻国要多，不少驻肯大使兼任驻东非其他国家的大使，而官邸则设在内罗毕。联合国在肯尼亚的各种机构达 20 多家。这样,各国国庆招待会和各种外事活动就比较频繁。

我们一般会有选择地参加一些活动，露露面，有助于提高在外交圈的知名度和存在感。如果是联合国机构自办的社交活动，那必须参加，那是工作的一部分，每次都有不同程度的收获。

荷兰大使官邸距联合国大院不远，离我家仅隔两条街。平时周末散步，常路过其大宅门。出于安保的原因，我们都会手持请柬到大门口报个到，然后排队，与迎候在官邸门口的大使握手并致以节日的祝贺。大使夫人在活动开始时会站在大使身边一起欢迎来宾，一会儿就跑到院里张罗招待客人去了，特别是她特意邀请的那些女友。与大使打过招呼后，我看见旁边的侍者端着托盘，上面有各种饮品，供客人自选。我通常喜欢来一杯杜松子酒加奎宁水，端着酒杯到院里临时搭建的棚子外稍待一会儿，观察一下是否有自己感兴趣的人可以聊天。棚子里摆放着各种小吃，有热炸的虾和香肠，也有冷切的火腿、奶酪、甜点等。外交界都知道，论招待会餐饮，中国、日本、英国和荷兰的菜式比较丰盛，参加的宾客常常爆棚。

转了一圈，碰上了几位半生不熟的达官贵人，彼此点了点头，没有聊天。看到执行主任施泰纳被人围了一圈，正热烈兴奋地谈论着什么。我有意在他视线范围内举了举杯，算是打卡报到了，便准备离开了。"您是王先生吗？您妻子呢？"我回头一看，是莎莉！英国驻肯高级专员（等同于大使）的夫人。"噢，莎莉！太高兴看到您了！我妻子最近在北京，儿子从伦敦政治经济学院毕业了，现回北京工作了。她想多陪陪他。"我微笑着答道。莎莉是位模范大使夫人，很会做夫人们的工作。每周二下午，她都在其官邸张罗邀请驻肯尼亚的外交官夫人们打桥牌，并提供下午茶点。每人每次出资200先令，约合2.5美元，此款捐给肯尼亚慈善机构。这种做法使夫人们的休闲娱乐含有善举的温度，不能不令人钦佩和尊敬。我妻子刘淑琴在肯尼亚时，基本每周二都去她家打牌。我是作为家属，应邀随淑琴到她家出席晚餐会才结识莎莉的。"那她回来一定让她周二来玩啊！"莎莉边说边风风火火地端着她那杯红葡萄酒消失在人群中。

我已尽兴，便告别那热闹的场面打道回府了。回到院里，在房前把车停好，拿钥匙打开了那扇1924年的黑色大门。慢步踏上那近百岁的木楼梯时，我常会联想到此屋的主人，他当年凭着非凡的信念和意志，克服了难以想象的艰难险阻，从开普敦徒步走到开罗。之后他迎娶了一见钟情的新西兰首富的女儿，在肯尼亚开辟了自己的事业。他住进这栋木屋时，才30多岁。

这座充满传奇的小木屋，不仅给了我舒适的居处，在某种精神层面上，还激励我坚定信念，勇敢地应对生活和工作中从未经历过的严峻挑战。一个年逾知天命的布尔什维克，在精神上、毅力上难道还不如将近100年前那位年轻人不成？！

我在卧室换下西服，到卫生间冲了个澡。一看表，还早，不到9点呢，就在案头铺开宣纸，开始习字。今天临写怀仁集王羲之《圣教序》。中国书法被历代文人视为最高的艺术形式，那韵味，那法度，那意趣，随着变化莫测的线条和墨色，展示着书家的情感与情趣，给人以无限的视觉享受和愉悦。毋庸讳言，当今书家实难企及古人书法的高度。然而，本人研习书法没奢望达到什么高度，取得什么成就，而是希望在临写的过程中，在与古人的对话中，获得一种精神快乐和慰藉。同时，释放出白天在办公室聚集的压力，使大脑在轻松愉快中得到休息。习书者都有这种体会，即临起帖来，时间过得很快，一两个小时一晃就过去了。我每晚临写260字，约需一个多小时。完成每日一课，身心便完全放松了。

接着，我就准备睡觉了。顺手拿出床头柜上的小本，记下明天要办的事：到加油站给车加油，顺便在那换煤气罐；想着要填好房费支票交给小区管理员；给女佣留条："周六有4个实习生来吃午饭。主食：烙饼和咖喱鸡。"差不多，就这些了。

关灯，睡觉。

联合国的一天，就这么过去了。一天又一天，一年又一年。

第六节　地球上最后的净土

一、南极一瞥

2016年11月，我和妻子去了南极。我们是从阿根廷最南端的一个叫乌斯怀亚的城市登上"海精灵号"探险船的。该船于1991年开始下水探险。70余位船员在老船长领导下，保障船上的各项服务。探险船带有8条冲锋艇，供大家登岛时使用。该船同行者中还有来自8个国家的14名探险队队员，他们均是海洋生物学领域不同专业的学者。在整个行程中，他们做了18场专题讲座，丰富了我们有关南极的知识和旅途生活。据悉，每年有300多艘探险船在南极海域及岛屿探险，之所以称为探险，是因为事先所拟的航行路线、日期和登陆点都需要视天气条件调整。

去南极比较麻烦的可能要算穿越德雷克海峡了。那个海峡是个风口，风浪有点儿大。风力最低 4—5 级，但一般都在 8—10 级，甚至以上。我在此之前是不大晕船的，但"海精灵号"穿越德雷克海峡那三天，船体被风刮得倾斜到 30 度，客舱内床上、桌上、柜子抽屉里的东西全都被甩到了地板上。我仰卧在床上，双手紧紧扒着床边，以免被甩下来。就这么晃了三天。我之前乘船见识过风浪，不这么晃，也没吐过，而这次吐得一塌糊涂。行程伊始，德雷克海峡就给了我们点儿颜色看看。

此行安排登陆的南极三岛依次为：马尔维纳斯群岛（英国称"福克兰群岛"）、南乔治亚岛和南设得兰群岛。每个岛都有一些有趣的故事。

1. 南极的气温、水温和水质

理论上讲，过了南纬 66 度 34 分才算进了南极圈。而谈及南极，范围更大，不仅限于那个圈内。中国南极长城站位于南设得兰群岛乔治王岛，其他国家的科考站也大都建在南设得兰群岛附近。这就是南极。那儿的夏天并不像想象中那样寒冷，我们去的时候，白天最高气温 4 摄氏度，和那年北京冬天的气温相同，备用的部分防寒装备都没能用上。

这次探险队安排的日程里有一个活动，是请大家自愿报名在南极冰水中游泳。参加冰泳者将获得探险队队长签发的证书，以兹纪念。记得 20 世纪 90 年代初的一个冬天，在东道主安排下，我曾在芬兰北部一个湖里冬泳，当时湖水的温度只有 4 摄氏度。跳入湖中，顿觉冰冷刺骨，随即游回岸边，钻进桑拿木屋。这次，既已到南极，又有冰泳安排，当然要试。在我跃入冰水的刹那间，感觉这里的海水比芬兰的湖水更刺骨。上岸后，我就请教探险队海洋学专家海蒂，她是个法国姑娘，为人亲善，富有学识。我跟她讲，这水似乎比北欧冬天的湖水冷。她说，是的，南极的海水含盐量高，到 0 摄氏度不结冰，当前的海水温度是零下 4 摄氏度。她又指着海面上的冰说，海水里能结成冰的是淡水，在 0 摄氏度结冰。南极冰可以吃，与威士忌酒掺着喝，味道相当好。我和友人当晚试喝，果然别有风味。

在国内，无论是北京还是其他城市，如今人们喝的基本都是处理过的饮用水。在夏天，即使每天洗澡换衣服，身上出汗还是有味儿。我在南极待了

19 天，因为晕船，不是每天都洗澡换衣服，但衣服穿了两三天竟没有味道，这是水质不同的缘故。

在南极，海水颜色与别处不一样。从甲板上看，南大洋（亦称"南冰洋"）的海水是纯正的海蓝。我有件海蓝色套头衫，其颜色和南极海水相同。但在此之前，我尚未在世界其他地方看到过这种海蓝。记得村上春树在《假如真有时光机》一书中说："走过几座希腊的海岛就会明白，每一座岛上，海的颜色看上去都有所不同。"为什么人们在各处海洋看到的海水颜色各异呢？据海蒂介绍，海的颜色与其水中所含的物质、密度、水深、海底沙石、光线等因素有关，因此各地海洋的颜色给人的视觉感觉是不同的。

2. 南极的动物

（1）南极麋鹿

在南乔治亚岛，我们看到了最后一只麋鹿的尸骨。它是 2016 年 1 月 10 日被杀的。

看到南极的麋鹿，我想起了北京的麋鹿（俗称"四不像"）。它曾是清朝皇家狩猎的动物，在北京南海子湿地放养。八国联军侵华时，英国勋爵布莱福特带了几只麋鹿到英国。随之，北京南海子的麋鹿灭绝了。20 世纪 80 年代初，英国勋爵的后人、侯爵塔维斯托克从他乌邦寺庄园里的麋鹿群中，拿出 23 只送给了南海子湿地公园，成就了一段中英民间环境友好交往、麋鹿重返家园的故事。

麋鹿在南乔治亚岛上最多时曾达到 6500 多头，据说是挪威人带来的外来物种。麋鹿繁殖力强，大量的麋鹿对南极生态构成了威胁。鉴于这种状况，始作俑者挪威人又着手把麋鹿赶尽杀绝。这不免令人感叹，处在地球食物链顶端的人类对其他动物真是为所欲为！

（2）南极海豹

据说世界上的海豹有 18 种，分布在南极的主要有 6 种。我们看到了 3 种：象海豹，雄性鼻子随年龄增长而变长；海狗，俗称皮毛海豹；豹海豹，以企鹅为主食，性情凶猛。每年雄海豹要比雌海豹早 1 个多月到达南设得兰群岛。到达之后，它们为了争夺领地互相打斗，往往血迹斑斑。

象海豹一家中，体型最大的是雄海豹，其余的都是雌海豹。一般 1 只象海豹王要统管 100 多只雌海豹；象海豹王的寿命是 12 年左右，雌海豹的寿命是20年。象海豹王在一年里的主要职能是保卫和繁殖，很少进食，体力消耗大，因此当象海豹王最多两年，一般是一年一换。这可以保证象海豹种群以最优秀的基因繁育传承。

海狗和海狮同属有耳海豹科，但海狮的体积要大得多，雄性多毛，分布更广，南北美洲均有。

南极当地时间2016年11月12日下午，我们从探险船换乘冲锋艇登上了普里昂岛。在岸边欢迎我们的是体积庞大的象海豹和凶猛的海狗。当时是它们的繁殖季节，这些雄性动物在海滩上焦躁地等待其雌性伴侣的到来。在我们通往山坡的路上，有一只海豹在路旁张牙舞爪，吓得同行的女同胞不敢挪步。多亏探险队队员及时赶来，协助过关。

11月14日，我们登上了圣安德鲁斯岛，看到了20万只国王企鹅和无数的海狗、象海豹。这个季节是哺育季，到处是海豹幼崽和正在换毛的企鹅雏鸟。这也成了此行的一个亮点。

（3）南极企鹅

在南极可以看到5种企鹅：马可罗尼企鹅、帽带企鹅（也叫"南极企鹅"）、巴布亚企鹅、跳岩企鹅和国王企鹅。国王企鹅和帝企鹅长得差不多。体型较大的帝企鹅通常只在南纬78度内繁衍生息。

国王企鹅的栖息地非常有意思，那里就像是一个巨型幼儿园。企鹅宝宝都挤在一起取暖，几个成年企鹅显然是阿姨，看护着它们。它们的父母出去觅食，傍晚方可返回喂它们。望着那些企鹅宝宝，想着20万对企鹅爸爸妈妈能从众多小企鹅的声音频率中分辨出自己孩子的声音来，真是很神奇。企鹅的存活率只有60%左右，夭折率很高。有可能是孵卵时爸爸妈妈一不小心把蛋给踩碎了，也有可能在找孩子的时候，因为声音的区别很细微，会出现几个家长争一个小企鹅的情况，争着争着就把小企鹅给踩死了。还有一种淘汰情况是父母为繁殖下一波而自动遗弃它们，不再喂了，这会饿死一批小企鹅。贼鸥是企鹅的天敌，它们专门吃刚孵出来的小企鹅和企鹅蛋。当贼鸥来的时候，企鹅唯一的办法就是集体大叫。那叫声非常响亮，可以赶走贼鸥。

通过给企鹅戴脚环跟踪，科学家发现，企鹅大部分时间在陆地，四分之一或三分之一的时间在海里。我们看到帽带企鹅不断地吃雪，原来是因为它们的食物是南极虾，含有盐分，所以捕食后要靠吃雪来补充水分。

目前，科学家还没有弄清楚为什么有的企鹅一直孤独地往前走。有一种解释是说，它们像人类中的探险家一样，是企鹅中的先驱者，是英雄。它们在探寻新的领地，一旦成功，就会回来，带领整个企鹅大部队向那里迁徙，因而又被叫作"向导企鹅"。

（4）南极的其他鸟类

值得一提的是漂泊信天翁。它们能连续飞行 70 天，每天可飞行 1500 公里，可谓飞行达人。我们在山坡顶处看到漂泊信天翁的幼鸟，体型很大，有 3 米长。据专家介绍，再过几天，它可能就起飞了。在飞行 11 年后，它将回到这片繁殖地，求偶生子。信天翁每两年产一个蛋，孵蛋 45 天，雏鸟长成需 250 天左右，其寿命通常为 60 岁左右。以前乘轮船经常看到成群的海鸟跟在轮船两侧不停地飞，曾想：它们不累吗？累了上哪歇着呢？它们一天能飞多远啊？可能得上百公里吧？据探险队专家介绍，鸟会借风力长途飞翔，甚至在空中睡觉，不会累的。我们之前常看到的是类似斑点海鸥那种鸟，它们的习性是随船飞行，给枯燥漂泊在海上的人们带来些许快乐。

以上是我们南极之行看到的动物。全世界我去过不少的地方，发现只有南极的动物不怕人。

3. 南极冰川和气候变化

探险船的休息厅，有每日更新的新闻稿供大家传阅。我曾在某天看到过一则中国气候变化事务特使解振华关于中国支持发展中国家应对气候变化举措的消息，这提醒了我们关注气候变化对南极的影响。探险队专家讲，由于气候变化，南极的冰川正在加速消融。

此外，海蒂还为我们讲解了冰川、冰山和海冰之间的区别和联系。冰川的颜色略有差异，形状不一。冰川"生"下了冰山。大的冰川分出的冰山，体形也是巨大的，有的大得难以想象。人们在海上一般看到的只是冰山的一角。这不禁使人联想到《泰坦尼克号》，如此巨大的船竟能够被冰山给撞沉了！老船长跟我说："你看海面上只是这么一个角，90%（这是广为认可的科学数据）都在底下呢！现在船上都有预警系统，可提早躲避。不用担心。"冰山最高可达 165 米，融化后就成了浮动的海冰。我们看到的一块海冰，据船长说有 1 海里（1800 多米）那么长。它那么大，仍是块海冰，不是冰山。海蒂说，海冰的作用还挺重要，它对全球的气候、海洋的循环，还有野生生物的生存都有影响。在南极海域中，海冰的范围在不断增加，而与此同时，北极的冰川正在大范围退缩，在融化。

4. 南极臭氧层空洞

这次在南极听到了一个好消息，据南极科考专家芬兰人莎娜称，臭氧层空洞有望在 2070 年得到永久性恢复。

在地球表面，臭氧对生命是有害的——是形成光化学烟雾和众所周知的酸雨污染的一种组分，但是在我们头顶上方 15—50 公里的平流层中的臭氧对地球上的生命来说却是不可缺少的。每年春天，南极洲上空的臭氧层都会出现"空洞"，面积与美国国土面积相当，深度与珠穆朗玛峰的高度相近，自1979 年以来，绝大多数年份臭氧层空洞都在增大。其他地方的臭氧层也在日益变薄。在过去 20 年里，北半球的广大地带，从北极圈到撒哈拉沙漠，夏天的臭氧平均浓度减少了百分之一，冬天减少了百分之四。臭氧层的耗竭会给人类带来严重的危害。臭氧层可以阻挡大部分紫外线 B（UVB）的辐射，而这种辐射可引起皮肤癌和白内障，阻碍植物包括粮食的生长，并杀死形成海洋食物链基础的微生物。据推算，臭氧每年减少 1%，将有更大量的紫外线 B辐射到达地球表面，使 10 万人患上致盲的白内障，而致命的皮肤癌、恶性黑瘤发病率也会增高。

有几种人类制造的化学品可以破坏同温层中的臭氧。其中最主要的是氟氯烃类物质，常用作气溶胶推进剂、制冷剂、溶剂，以及包装塑料。用于灭火剂的哈龙、四氟化碳、甲基氯仿也会消耗臭氧。1985 年，《维也纳公约》在维也纳达成并签署。《蒙特利尔议定书》于 1987 年在蒙特利尔签署，开启了保护臭氧层的国际合作。各国逐渐淘汰和替代破坏臭氧层的化学品，从而取得了今日可喜的进展。

回国后，我应邀到艺术家黄永玉老先生家聊天，高兴地跟老人念叨起这个好消息。黄老在 20 世纪末就一直关心臭氧层问题。老人听后平和地看着我，轻声说："嗯。我们都看不到那天了。"是啊！虽然我们看不到臭氧层全面修复的那天，但人类能携手共进，推进全球环境治理，并取得成果，这是令人欣慰的。

5. 南极植物

南极的植物以苔藓类居多，我们被告知要注意避让那些地衣。它们几乎都有 1000 岁了。探险队专家说，如果不慎踩到，它们可能要到 100 年后才能恢复。在南极,虽已有环境保护议定书,可由谁统筹管理,谁来监督执法,看来还是个问题。

6. 南极探险

欧洲人捕鲸在历史上曾兴盛一时。据探险队介绍,以前一个人在南极捕鲸站工作 2—3 年,所挣的收入足以在欧洲本土购置一处房产,由此可见这种高额收益的诱惑有多大。捕鲸者以挪威人和英国人居多。由于鲸鱼数量急剧减少,濒临灭绝,大规模的捕鲸作业于 20 世纪 60 年代被迫终止。这次我们看到了两处较大的捕鲸厂遗址。令人不解的是,为什么无人清理呢?挪威和英国曾是主要的捕鲸国,按理说这两个国家应负责清理那些遗留下来的捕鲸设施。挪威政府在世界环境与发展领域一直走在前列,可以说是起着先锋作用,挪威对发展中国家的援助占其 GDP 的比例在发达国家中也是最高的。那么,挪威对南极环境何以不采取更积极的态度呢?这与其在国际上的形象和行事风格反差很大。至今,衰败的厂房仍被扔在那,显得很丑陋。

探险队队长安妮娅给人们树立了一个很好的榜样,即如何当领导。她用高昂的斗志和冲锋在前的言行激励全体探险队队员,引领大家出色地完成各项服务。看到她在齐胸深、冰冷的海水中带领队员奋力接送我们上下冲锋舟,我们深为她出色的领导力所感动,甚至有跳到水中和她并肩战斗的冲动。她的领导艺术把并不轻松的工作化作充满正能量的欢快的团队合作。只有那些曾有过这种团队合作经历的人才能体会到个中的乐趣。我已迈入暮年,今后不会有什么机会去实践这种领导艺术,但愿和年轻一代分享安妮娅的故事。

7. 南极的中国长城站

中国的南极科考站长城站建在南设得兰群岛乔治王岛。长城站最初是用集装箱建的。现在把旧址改成博物馆了。那时的科考人员都住在集装箱里,条件十分艰苦。长城站设有邮局,来访者可以在明信片上加盖纪念性邮戳。长城站建有污水处理设施,而固体废物都被放进专门的箱子里,由我们的“海龙号”带回国处理。

长城站里有一棵思乡树,凡在南极工作过的中国人,都要为自己的家乡做一块牌子,钉在那里。在长城站科研楼,有 2 位常年工作的科学家。他们每天要向世界气象组织报 4 次数据。有 2 个卫星就是特意为监控南极气象而设置的。

8.《南极条约》

为了到南极探险，在100多年前，出现了一批探险者。值得一提的是，除了那位首先到达南极点的挪威人阿蒙森，再就是英国斯考特探险队了。在该队弹尽粮绝、面临全军覆没之际，队内的船长对其他人说了一句流传百年的话："I'm just going outside, and I may need some time."（我到外边走走，可能要去一段时间。）船长走出帐篷，绅士般地走向自己生命的终点。南极至今留有那些先驱者的痕迹。

为了解决南极争端，1959年有12个国家签署了《南极条约》。到2020年，签约国数量已达到54个。

对南极某些地区，有若干国家宣称拥有主权，对此，一些国家相互承认，一些则并不这么做。实际上，没有哪个国家能拥有对南极的主权，但有些国家认为其拥有。《南极条约》生效后，其条款是不允许其成员国有领土要求的。2016年11月，我们探险船上的专家说，现实是，虽然对南极没有合法的主权，但一些国家是南极的实际占有者，他们国家的人就在那里生活。

参加《南极条约》的国家分为三类：有投票权的；没有投票权的；观察国。

《南极条约》部分条款的主要内容如下：

第一点：该地区只能用于和平目的，禁止军事活动；

第二点：继续自由地科学考察与合作；

第三点：与联合国和其他国际机构进行信息和合作人员的自由交流；

第四点：本条约不承认、确立任何领土主权诉求；只要条约生效，禁止任何新的领土主权诉求；

第五点：禁止核爆炸或核放射性废物的处置；

第六点：条约包括所有冰架和土地，但不包括南纬60度以北周围的海水；

第七点：条约观察国可自由通往任何地区，视察任何站所、设施和设备；

第八点：成员国可经常开会磋商；

第九点：所有争端由有关缔约国和平解决，由国际法庭最终裁决。

9.《关于环境保护的南极条约议定书》

在《南极条约》下，国际社会就实施南极环境保护问题于1991年6月23日在西班牙马德里通过了《关于环境保护的南极条约议定书》。该议定书于1998年1月14日生效，对南极环境全面保护、人类活动制定了强制性规定。

这是世界上迄今为止最严厉的一套环境保护规定，包括对废物和能源管理的规定。该议定书还不允许任何人拿走南极的一草一木一石。我曾给一位考古学家看南极的陨石照片。他特别喜欢陨石，说你怎么不捡回来啊？我说《关于环境保护的南极条约议定书》有规定，不允许。

南极之行还有一件事。大家都知道南极点和南磁极是两回事。据探险队专家说，2016 年，南磁极竟游离于南极圈以外了。至于具体坐标，他说了，我没用心记。不求甚解、浅尝辄止是我的老毛病，改起来挺不容易，仍在改。

二、北极见闻

我有幸去过两次北极。

第一次是 2007 年 6 月。那年，环境署纪念世界环境日的主场设在了挪威的特罗姆斯郡。活动结束后，我和联合国"气候英雄"罗红飞往了斯瓦尔巴群岛，在朗伊尔小镇小住，去看看气候变化对北极地区的影响。那次我看到了极昼、融化中的冰川、浮冰上的海豹和废弃的苏联矿井。2018 年 8 月，我又去了一趟北极。这次除了朗伊尔小镇，我和妻子还去了东格陵兰岛和冰岛。之后在高校与学生们交流时，我曾感慨道："北极归来，心里荒凉得很。"

在斯瓦尔巴群岛的镇上，我们了解到，该镇无社会服务，不接受孕妇，无护工，不宜养老；购物无进口税，酒精限量，凭卡供应；生存环境枯燥无味。镇长有 7 项任务：管理 9 名警察；打猎；保护物种；颁发枪支许可证；保护文化遗产；管理 10 处野营地；负责搜寻和救援。镇上的直升机每天都训练，每年约实施救援 80 次。每年竟有那么多人都会遇到需要救援的意外情况，可见去那要小心为上。

在那里，人们出行必带步枪，平时要进行打靶训练，以防北极熊。岛上的北极熊数量比当地人口多，但我们此行仅看到一只。在斯瓦尔巴群岛，一些国家设有科研基地。那里每周有两个航班，供科研人员往返欧洲大陆。各国设立的科研站，外观各有特色。一座大红门、两个石狮子把门的房子，不言而喻，就是中国的黄河站！由于大门紧闭，无法进入。

北极的鸟类有 200 多种，其中迁徙的占大多数。在冬季长达 2 个多月的无光黑夜里，那些不迁徙的鸟类靠嗅觉觅食为生。大雁每两小时排便一次，内含矿物质，是驯鹿的食物。在北极，所有事物都是相互关联的，自然界的食物链维系着我们星球的生态系统。

（1）世界末日种子库

斯瓦尔巴群岛是挪威托管的北极岛屿。岛上有一个比较有名的项目：世界末日种子库，距北极点约 1000 公里，于 2008 年启用。人类建这个种子库的初衷是为防止物种灭绝。种子库选址在冻土层，但始料不及的是气候变化竟然如此真实、快速地在我们眼前发生着。2018 年 8 月我们到那里时，种子库已关闭。由于气候变暖、永久性冻土层融化，造成雪水涌入种子库入口并结冰。据当地司机说，斯瓦尔巴群岛近年的气温明显升高，不是媒体所说的2 摄氏度，而是 8 摄氏度。挪威政府已筹资重建，具体计划不详。遗憾的是，我们无法靠近它，没拍成照片。气候问题在国际谈判桌上变成了气候政治，成为一些国家政客甩锅、转移民众视听、娴熟巧用媒体的舞台。他们对气候变暖问题的态度和做法，使国际社会应对气候变化的行动步履艰难。争吵无果的气候变化大会一次次地令人失望。在气候变化这个问题上，人祸成分大于天灾。

（2）北极出现了新航道

由于气候变暖，北极地区的冰川融化，北极出现了新的航道。我们这次搭乘的"海精灵号"探险船船长就开辟了一条新的路线。按航海惯例，航线以第一个发现并实践者的名字冠名。在当晚的酒会上，我向船长表示敬意和祝贺。这位瑞典籍船长礼貌地答谢后，说他对气候变化如此之快很是担忧。可以看出，他并不为自己的名字能冠名新航道从而留名世界航海史这一殊荣感到特别高兴。他是位值得尊敬的船长。较之于名利，他更关心地球的生态环境。

随着气候变暖，北极的冰川和地貌将发生许多新的变化。各利益相关方本应联手应对这一新局面、新挑战，可遗憾的是，附近军演不断，北极再难平静。这对国际社会来说，不是个好兆头。

（3）因纽特人的现代生活

我们是从探险船换乘冲锋艇，在新奥勒松港登陆的。我们看到那里的房子是木头或砖垫起来的，这是为了对付冻土层融化造成的地面倾斜。木头底下有千斤顶，哪个部位塌陷就调节哪，以保持房屋的平衡。此地处于北纬 78 度 55 分，每年向北移动一点儿，这事我前所未闻。

在那里，我们走访了一个因纽特人居住区。来北极之前得知，"爱斯基摩人"意为"吃生肉的人",带有贬义,现在大家都称呼他们为"因纽特人"。我们到的这个社区不大,是东格陵兰岛唯一一个因纽特人聚集区,区内有一个各国捐建的学校。有个超市,不大,规模和商品与北京社区里的小超市差不多。在村里看到一位老人在喂雪橇犬。因纽特人世世代代养的雪橇犬不再吃海豹肉,改吃狗粮了,令人诧异。不知冬天,它们还拉得动沉重的雪橇吗?现代生活之风已经吹进了北极村。

村里纯朴的因纽特孩子们对我们很友善,可能是因为大家长相颇为相近吧。他们对外边世界了解不多,似乎也不是特别想了解,只是腼腆地笑,没有问我们什么问题。几位当地年轻人热情地邀请我们到他们的小屋里喝一杯嘉士伯啤酒。他们对中国了解更少,唯一知道的中国人是武林高手李小龙。

因纽特人的物质生活已迈入现代化,而与外界的沟通交流似乎还没起步。当今世界风云变幻,北极脆弱的生态环境和弱小的因纽特一族之前景难以预料。祈愿那些天真无邪的孩子们能有一个美好和平的未来!

(4)北极熊远离我们而去

在斯瓦尔巴群岛,北极熊的数量多于当地常住人口,人们出行还是习惯背着枪,以防不测。在南极,我们体会到那里的动物不怕人。而在北极,北极熊等动物早已领教了人类的厉害,远离人群而去。整个行程的十几天里,我们只远远地看到过一只北极熊。北极熊的嗅觉可达3公里。它一定知道人类在靠近它。只见它在对面山坡上快速地攀爬,很快就在人们的视线中消失了。

世界在变,两极亦在变。地球上最后的净土还能维持多久是个未知数。浩瀚的宇宙中,还有人类可居住的其他星球吗?亦是个未知数。火箭专家和宇航先驱康斯坦丁·齐奥尔科夫斯基有句名言:"地球是人类的摇篮,但人类不可能永远停留在摇篮里。"亲爱的读者,你怎么看呢?

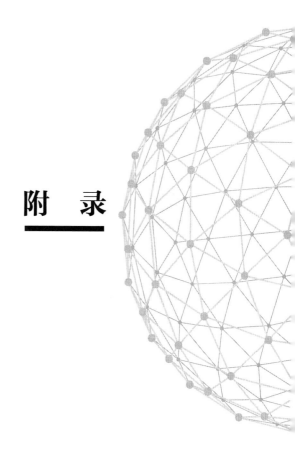

附　录

附录一

"低头做事，抬头看世界"
——与王之佳老师的访谈

受访人： 王之佳

采访人： 陈林鸽、宗雨（均为浙江大学学生）

访谈时间： 2022年5月3日

访谈方式： 腾讯会议视频访谈

采访人导言

在访谈正式开始前，王之佳老师特别谈到《钢铁是怎样炼成的》作者尼古拉·奥斯特洛夫斯基的名言："人最宝贵的是生命。生命每个人只有一次。人的一生应当这样度过：回首往事，他不会因为虚度年华而悔恨，也不会因为卑鄙庸俗而羞愧；临终之际，他能够说：'我的整个生命和全部精力，都献给了世界上最壮丽的事业——为解放全人类而斗争。'"王老师以这样的信念勉励今天的青年，而他自己的人生经历又何尝不是对此信念的坚守典范。本次访谈既有他回顾任职联合国环境署峥嵘岁月时的娓娓道来，更有反思当前国际组织人才培养时的谆谆教诲；既是对中国参与全球环境治理角色转变的真知灼见，更是对同学们投身这一伟大事业的恳切期待。王之佳老师说自己是"却顾所来径，苍苍横翠微"。我们的启发就从这点点"翠微"开始。

一、从科尔沁草原到联合国环境署

- 知青岁月："做好眼前事"
- 二度求学：有意识地补足短板

陈林鸽（以下简称"陈"）：在《纵横全球　兼济天下——国际组织任职启示录》中的《却顾所来径——在联合国环境规划署的几桩往事》一文中，您说自己是"一个从内蒙古科尔沁草原光着脚走出来的知青"。年轻时的经历对您后来的职业生涯产生了什么样的影响？

王之佳（以下简称"王"）：5天前是我下乡53周年的日子。1969年4月28日，从天津火车站出发的知青专列，载着我们这群当时年仅17岁的学生，前往内蒙古科尔沁草原插队落户。自此，我们开启了漫漫的蹉跎岁月，也开始阅读社会这本"大书"。

在那个浩劫的年代，各家的日子都不富裕，而我则是靠着如饥似渴地阅读一本本的好书，度过了那些年的日夜。刚到内蒙古的时候，我们是连中学都没毕业的学生，每天的任务就是和当地农民一起种地。但回想起那时，我们并没有愁眉苦脸地度日，大家都是乐观向上，面对生活。

那时候，联合国对于一个科尔沁草原的农民来说，犹如星星般遥不可及。星星虽然遥不可及，却可为仰望星空的人们指引方向。我知道，现在我很难解释清楚自己究竟是怎么赶着大草原的牛车，一路进到了联合国的小汽车里。**诚然，牛车比汽车慢，但我认为慢有慢的好处。慢一点才能走得稳当踏实，不会错过沿途的风景，才能一步一个脚印向前，在途中能够有空思考，也能够回顾所来径。**

每每回首往事，我都觉得世事无常，谁也想不到一个内蒙古的知青怎么就走到了联合国的大舞台上。然而，世事无常并不等于做事无常，要紧的是把眼前的事做好。1973年，村里有推荐上大学的名额，评选的首要标准是看工分。我挣的工分比较高，所以很幸运地获得名额，被推荐参加了大学入学考试。我随后考入南开大学，成为一名工农兵学员，修读英语专业。

陈：从南开大学英语专业毕业后，是什么驱使您赴武汉大学继续攻读国际环境法硕士学位？您对于全球环境治理的关注是否从那时便开始了？

王：我是从 1976 年开始从事环保工作的，这一路其实还有点曲折。

一般来说，大学学到的知识就是打个基础，工作后还会有一个再学习、提高和实践的过程。作为工农兵学员，我的基础更加薄弱，到国务院环境保护领导小组办公室工作之后，很快接触到了大量联合国环境署的英文资料和文件，其中许多环保专业的词语，我不仅看不懂英文的意思，就是连中文的概念也搞不清楚。不过那时候我还很年轻，愿意努力，所以就起早贪黑地开始学习环保业务知识，拿个本子天天记。幸运的是那时我结识了北京大学的王恩涌教授，他热情地为我办了一张北大化学系的听课证，于是在刚参加工作不久，我就去北大旁听了半年的化学系课程，同时，我每天背记环保领域的英文单词。

"全球环境治理"概念的提出应该始于 1972 年在瑞典斯德哥尔摩召开的联合国人类环境会议，该会议是全球环境治理的第一个里程碑。如果说提高人们的环境意识是全球环境治理的原动力，那么环境立法就是全球环境治理的基础和根本。我开始出席联合国会议是 1978 年，而参加公约和议定书的谈判会议则要晚一些。每次会后我都会总结和思考。从参会可以感悟到，全球环境治理正逐步走上制定和完善环境政策与法律的轨道。一个标志性的事件是 1985 年 3 月在维也纳缔结的《保护臭氧层维也纳公约》。在谈判实践中，我逐渐意识到自己最迫切需要弥补的短板就是法律知识。当时中国社会科学院面对咱们国家法律不健全，甚至无法可依的情况，采取了借鉴外国相关法律的做法，先把它们拿过来，作为我国环境立法的参考依据。于是我有幸参与了中国社会科学院法学研究所编译室的《外国环境保护法规选编》翻译工作，这也是我作为译者之一出的第一本书。该书于 1979 年 2 月正式出版。在翻译过程中，**我觉得自己所学的知识有些碎片化，不够系统，不能有效地适应多边公约的谈判**。因此，在时隔多年之后我又重返大学，在武汉大学法学院师从韩德培、肖隆安等前辈老师，系统地学习了有关法律，特别是国际环境法的知识。

研究生学业完成后，我多次参加多边环境公约的政府间谈判委员会的会议。专业知识的提高使我能够积极与谈判中的利益相关方进行沟通，也能够积极参与公约条款文字的修订，为最终达成各方都能接受的草案做出自己的贡献。1987 年 9 月 16 日，我有幸作为中国政府的代表，在加拿大蒙特利尔签署了《关于消耗臭氧层物质的蒙特利尔议定书》的最后文件。20 世纪 90 年代，在几个多边环境公约的政府间谈判会上，我曾被选为大会报告员或者是大会副主席。1998 年 9 月 10 日，我作为中国政府代表，签署了《关于在国际贸易中对某些危险化学品和农药采用事先知情同意程序的鹿特丹公约》的最后文件。

二、中国与全球环境治理：作为环境署中国籍职员的视角

- 初到环境署：使命与愿景
- 斯德哥尔摩会议 50 年：中国参与全球环境治理的角色转变

陈： 回想 2003 年年初到联合国环境署，作为当时总部唯一的中国籍职员，您对自己在环境署工作的愿景是什么呢？

王： 为世界环境与发展事业服务，构筑联合国与中国合作的桥梁，这是我的初心。为全球环境保护提供领导，促进伙伴关系的建立，激励各国政府及其人民，向他们提供信息，提高其能力，以改善他们的生活质量，而不危及后代人的利益，这是环境署的使命。应该说**我的使命和环境署的使命是一致的**。

我初到环境署的时候，总部仅我一位中国籍职员。我遇到事儿都没人能商量。同事们都很忙，且人家不认识你，你怎么开口去打扰人家？我有时感到很孤单，同时觉得中国籍职员之稀少与中国的大国地位是不相称的。但既然进来了，就要站得住、干得好、有影响。

怎么干？要促使环境署接地气。该署过去主要做政策层面的工作，落地项目方面做得比较少。在我上任之后就与同事合作提出"有影响力的发展方案"，积极促成中国、联合国、非洲三方合作，推动南南合作。例如"一湖一河一沙漠"项目，"一湖"就是坦噶尼喀湖，"一河"就是尼罗河，"一沙漠"就是撒哈拉沙漠。在推动这个项目的过程中，我努力促使我们团队更有凝聚力、更高效。联合国环境署、中国、非洲三方合作计划是我在环境署站住脚之后参与的第一个项目。头两年，我一直在摸索、准备、积累，在 2005 年 2 月终于找到了切入点，启程为联合国做事。

联合国的战略愿景、协作文化，还有持续创新的思维模式值得我们重视。在此基础上，环境署与同济大学合作出版了《绿色经济：联合国视野中的理论、

方法与案例》中文版，这应是继英文版后联合国第二个语种的版本，也是我在构筑环境署与中国合作桥梁方面发挥作用的一个例子。在推动与民间社团合作，包括和企业合作方面，我遵循的目标很明确，就是让企业（包括中国的企业家）"走大路、走正路、走绿色道路"。在联合国这些年，环境署和国内的企业家有过几次合作，我们便请他们到环境署总部来和我们一块儿互动。他们提出问题，或者我们提出我们的想法，来促使他们对可持续发展有更深刻的了解，并落实到他们的企业运营中去。比如，万科的住宅产业化和仿生学的开发与实践，其中的创新思维部分应是受益于对联合国的参访，从而促使了其住宅更加绿色，更加优化。

陈：下面一个问题其实更是您的专业领域了。您在联合国工作多年，对中国与全球环境治理有丰富的经验与见解。现在距离您出版《中国环境外交：中国环境外交的回顾与展望》和《对话与合作：全球环境问题和中国环境外交》已 20 年左右，在此期间，您认为中国参与全球环境治理所发生的最主要变化是什么？目前最核心的问题又是什么？

王：最近联合国环境署和开发计划署在北京开了个会，纪念斯德哥尔摩联合国人类环境会议 50 周年。时间真快，已过去半个世纪了。我是 1976 年到国务院环境保护领导小组办公室工作的，有幸见证了建设美丽中国的曲折历程。刚提到联合国人类环境会议是全球环境治理的第一个里程碑，在"只有一个地球"的呼声中，环境问题一跃而列在世界议题的榜首，国际社会迎来了人类环境保护的新纪元。**联合国人类环境会议的意义在于，它是中国重返联合国后参加联合国会议的开端，让中国人走出国门看世界并开始认识到自己国家存在的环境问题，开启了中国人民环境觉醒的伟大征程。**

回顾全球环境保护 50 年，我们可以看到国际社会对全球环境治理的认识、转变，还有提高。通过"只有一个地球"和《人类环境宣言》，各国人民理性地认识到，环境危机已经出现了。人类与自然环境唇齿相依，环境与发展不可分割。国际社会明确认识到，**改变不可持续的发展方式，要以公平的原则及"共同但有区别的责任"原则去商讨解决。**国际社会在不断地推动可持续发展的各项议程、生态文明和绿色经济、低碳经济、循环经济等理念，有关战略政策正为越来越多的国家所接受。在发展实践中，各国相继从污染的被动末端治理，转向社会生产全过程的控制，不断推进绿色经济创新和经济结构转型，全面推动绿色低碳循环发展。今后，随着国际气候治理进程和"碳达峰""碳中和"战略的实施，**国际社会将面临一场深刻的、广泛的技术革命、能源革命、生产革命和消费革命。生态文明的新时代即将来临。**

回到你的问题，那么在人类环境保护的历程中，**最主要的变迁是什么呢？是中国从一个被动接受者到主动参与者再到重要引领者的转变。**中国离不开世界，世界离不开中国。地球环境及其多样的生态系统，是咱们人类命运共同体的基石。只有一个地球，它的呼唤和初心仍然需要世界各国人民来牢记。**目前最核心的问题是什么呢？是以《联合国宪章》为准则，维护联合国权威，维护自二战后建立的世界秩序。**否则不就天下大乱了吗？还奢谈什么治理！目前，在气候变化、生物多样性锐减、环境污染这三大全球环境危机面前，世界各国需要继续本着可持续发展和绿色低碳循环发展的基本理念，本着"共同但有区别的责任"原则和公平原则，本着不同国家平等互利、不同文化相互包容的国际准则，以绿色发展促技术创新、促产业转型、促公平发展，同舟共济，努力构建人与自然生命共同体。这历史的重任，就落在了当代有志青年的肩上。

三、国际组织人才培养

- 国际职员职业发展路径的四类参考
- 国际组织人才培养的四方面重点

陈：现在进入联合国工作的同学，很多都是从实习生做起。您的经历比较特别，当年是在国内积累丰富的工作经验后，直接赴环境署从事 D1 级别的工作。基于您个人的体会，对有志于赴国际组织工作的同学们的职业发展路径规划有何建议？

王：关于同学们今后职业发展路径规划，我的职业生涯不可复制，只能谈点看法。迄今为止，网上申请做实习生，做 UNV（联合国志愿者），参加YPP（青年专业人员项目）考试，这些都是途径。如下三类可作为参考：

第一类，联合国不少普通职员或高官是本国外交部或各个部委的公务员。政府的推送对于个人的职业生涯是个优势，竞聘更易成功。也就是说，分两步走，先做政府公务员，再视情况申请进入国际组织工作。

第二类，抓住担任临时顾问等机会。讲个我身边的例子。一位环境署全球环境基金司司长，是位美国籍伊朗裔女士。我问她，您之前没有在联合国工作的经历，那是怎么拿到这个高级职位的？她说，她多年来一直在做环境署的顾问，对于联合国那些中期战略、两年期工作大纲和年度计划都谙熟于心，正因如此，联合国愿意雇用她。所以她在做了多年顾问后，申请联合国高级职位时，就拿到了司长一职。**这里我想建议同学们，如果今后拿到临时顾问这种合同的话，一定要抓住机会，即使条件不是十分理想，也尽量不要放弃。**从基础开始一点点做起，如果你做得好，自然会得到大家的认可，受邀的项目则会越来越多。

第三类，实习。例如现任联合国助理秘书长徐浩良，他起初从实习生做起，实习结束后，遇到了一个临时到艰苦岗位工作的合同，他没有退缩，毅然从纽约奔赴中亚某国，在干旱沙漠地工作磨炼。之后凭个人努力和才华，一步一步地走到了现在的位置。

我刚去环境署的时候，工作之一是负责招聘实习生，所以我比较了解联合国招聘实习生看重哪些内容。第一点，倾向于选择名校生。第二点，重视学生的社会实践，看你做的公益或者环保业绩。这方面权重会占三分之一，很重要。同学们申请时要写实例，请平时留意记录下自己做的公益活动，联合国招聘要的是"干货"。**到联合国实习，我建议实习生做到以下几点：第一，中国人别扎堆，要多去适应多元文化环境。第二，交些好朋友、真朋友，建立好关系网。第三，实习时间一般是 3 个月到半年，要完全拿起联合国工作很难，但至少要搞清这个机构的设置和机制的运行。**我在职期间，看到不止一个实习生之后在环境署拿到了顾问的合同。

陈：就现阶段国内高校的国际组织人才培养模式来看，对国际组织运作机制、国际政治理论、国际谈判等宏观层面的训练似乎明显多于实操技能（如国际组织文书撰写、项目策划、活动对接与协调等）的训练。而在真正进入国际组织体系工作或实习之前，同学们似乎并没有太多进行实操技能锻炼的资源。针对这种情况，您是否有推荐的训练方法呢？

王：目前，在大学有关课程或训练营日程中，校方或主办方对此似已有所安排。我认为课程设置可考虑以下四个方面的内容：

第一方面，联合国系统规范性工作。需让学生们知道联合国系统各组织主要从事哪些规范性的工作，如，宣言、声明的起草和发布，各类发展援助机构合作项目的编制、实施，联合国自身的机构发展和运行的管理等。训练营的部分内容可介绍联合国系统的规范性工作，支持规范和标准的制定、支持将这些规范和标准纳入政府和其他利益相关方的法规、政策和发展计划，支持政府和其他利益相关方执行国际规范、标准的法规、政策和发展计划。可请一些有实践经验的老师给同学们讲，具体安排几个课时，由组织者视情酌定，目的是让同学们能有总体了解。

第二方面，国际组织公文类别和写作。首先应该让同学们知道联合国的公文大致有哪些类别，怎么编号。其次，联合国的公文写作有什么基本要求。再次，国际会议成果文件的起草。

第三方面，国际组织项目运作的程序和方法。内容包括项目类别和周期、项目的识别基本程序、项目准备、项目的评估与谈判、项目执行阶段的工作重点、项目实施的进度与效果、监测评价等。

第四方面，国际会议的组织和实施。国际会议都有哪些类别，组织管理具体指的是什么，会议的议程文件、行程（实景操作范本）、会议主席的产生和会议主持词，这些要进行学习。最后就是会议的筹备和实施的全过程。（训练营）把这些东西的来龙去脉给受训者讲清楚，今后同学们若参加国际会议，对其基本套路就不陌生了。

常言道："实践出真知。"在学校期间，主要是打基础。至于具体训练方法，我没有太多的建议。**同学们只要搞清联合国的大致套路，就不会迷失方向。具体一步步怎么走，最好在实践中历练。**

四、小　结

陈：感谢老师为我们提供了这么多非常有价值的信息和见解。最后简要问问您，是否还有什么想补充的呢？

王：我想最后谈三点体会。

第一，家国情怀。人没有祖国，什么也不是。行走在地球村，我深有体会。作为国际职员，对外交往当中，你虽不是中国政府代表，但你的一言一行却代表着中国形象。

第二，热心公益和慈善。公益是出自一个人的社会责任心，慈善是出于人的良知。做些公益慈善会使你感到很充实和快乐。保护地球家园，我们每个人都可以通过每天的选择做出改变。

第三，**阅读经典**。这点我特别强调。联合国系统的很多组织都有自发的读书会。读万卷书，能和一万个聪明人对话。腹有诗书气自华。阅读中外经典名著，要留意文化结构的差异。中国人，比如说没有在国外留过学的人，为什么到国际组织任职那么难？我个人观察，我们年轻的求职者，知识结构问题不大，可能是文化结构的差异。文化结构是什么意思？钱穆老先生把文化结构分成三个层次：物质的、社会的和精神的。这三个层次对应的文化结构，中国的跟西方的不大一样，所以大家初次见面互相交谈还好，第二次、第三次就没有很多话要讲了。我们要多读一些中外经典名著，慢慢体会文化结构的差异是什么。联合国的同事们很重视中国传统文化，但我发现，不少中国同学对中国传统文化了解的程度要少于他们应有的程度。中国人首先应对自己的文化给予足够的重视。我建议同学们有时间多看看中国优秀的经典，如《论语》《道德经》，不要沉迷于玩乐。

最后，我想请同学们留意：从许多意义上来说，存在着两个联合国。第一个联合国是各会员国；第二个联合国是其组织，即由秘书长领导的秘书处。在联合国舞台上提出中国方案、增加中国的话语权，是中国政府官员和外交官的职责。**到联合国秘书处任职，是做国际公务员，为世界服务，是去贡献中国的智慧，增加联合国的多样性。**

谢谢同学们！

陈：确实是这样，这是我们格外要引起重视的。好的，再次感谢老师抽出时间，收获真的非常大。那么我们的访谈就到这里。

附录二

青年学子谈地球前景、联合国和全球治理

一、地球前景

面对前景堪忧的流浪地球，我摘录了几位当代大学生写的短文。同学们对地球上人类的未来是持乐观还是悲观态度，以及他们打算为此做些什么等观点有一定的代表性。

- 某高校化学与化工学院 ZYS 同学：

并不乐观，也不悲观，我不选择单从个人角度出发来看待这个问题。因为这是一个可以从历史中找到答案的问题，值得我们从这些事实出发客观地去看待，而不是单纯靠自己的主观想法去判断。

人类群体自形成文明以来经历了大概几千年的时间，而直到距今约 200 年前，分散于世界各地的人类族群的交流才基本全部联通，人类才知道各种过去未知的人类族群的存在。在漫长的未知时间里，出现了相当大的一部分人类族群的消亡，原因有很多，比如战争、疫病、自然灾害。排除不同族群相互间的战争造成的消亡，可以发现剩下的因素所指向的一个共同原因是：所能利用的资源不足以满足群体的消耗。一旦出现这种情况，族群只能通过增大资源的获得或减少群体的消耗来维持这个脆弱的平衡。很明显，就方式而言，前者要优于后者，因为人类是要生存、繁衍、发展的，减少群体消耗往往意味着族群的衰弱、人口增长停滞乃至人口减少。但前者也是有局限的，

受到各种条件的限制，资源的开采往往一段时间后就会遇到瓶颈，族群不得不进行迁徙，如果无法迁徙，往往只能转向第二种方式。从古至今，这些限制条件多数来自自然环境，这是资源开发的上限所在。

诚然，今天人类的生产力水平相较以往有了巨大的飞跃，就现有的生产力而言，许多可利用的资源已经可以看到开发的上限所在，到了整个地球资源枯竭的时候，人类向何处去？现代的科技使得不同地区的族群能够有效地联通起来，不再是孤岛的模式，但整个地球仍是太空中的一座孤岛，人类在整个种族层面仍然是孤独的。虽然在当下，地球的资源仍然足够人类当下的发展所需，但现代人类对资源的开采与消耗较工业革命前有巨大的增长，剩余可利用的资源量乃至人类的前景不容乐观。

我们现在也有着很多选择，远远没有到文明的存亡关头。但无论如何，总是要做一些选择。我不能替别人做出选择，我所能做的仅仅是从自己做起，去做一点和环境保护相关的事，去改善一下人与自然间微妙的平衡。

● 某高校海外教育学院 ZZL 同学：

如果乐观和悲观可以用数字来量化，比方说乐观是 1，悲观是 0，那我的态度就是 0.4，我既不太悲观，也不过于乐观。简要地概括一下，就是谨慎的悲观。

我们的悲观并不是没有任何理由的：逆全球化势力正在兴风作浪，美国带头退出《巴黎协定》，遏制全球变暖的世界行动陷入危机；人类的贪欲和短视，对于财富和资源的无尽掠夺，加速了资源的枯竭；垃圾问题也是国际问题，土地重金属污染，居民患上各种疾病，直到现在，太平洋上还漂浮着小半个欧洲那么大的垃圾山。

人类生存的地球从来没有像今天这么糟糕过，我们已经处在环境最坏的时候了，未来很有可能会继续恶化下去。如果说环境现状只是糟糕的话，那么解决问题的困难程度就足以让每一个为此担忧的人感到绝望：现在所做的一切努力根本赶不上环境恶化的速度，即便有国家稍有起色，但有更多的国家在加速破坏环境。糟糕透了，让人看不到希望。

希望却还是有的，虽然是些微的，让人看起来觉得幼稚和不切实际，但很多悲观的环保主义者内心却都有着或多或少的对改善未来环境的希望。正是这些小小的希望，促成了末日种子库的建立，哪怕末日到了，这些种子，就是我们重建地球的希望。

希望还在哪里呢？假如有一天环境真的恶化到人类无法居住了，人类生存的希望在哪里呢？那我们要发挥想象力，去科幻故事里寻找答案。

艾萨克·阿西莫夫说，未来环境恶化，但人类可以通过高科技建立温室，用电脑模拟自然环境供人类生存，并阻隔不良的大气环境；刘慈欣说，当环境恶化到极致的时候，人类将不是简简单单的一个个的人，而是真正会融入人类这个整体，那么面对糟糕的环境时就会抛弃那些短视和贪婪，用奉献和牺牲共同应对这个难题；陈楸帆说，人类的生存能力极强，糟糕的环境也困不住人类，他们终究会适应的。科幻作家们往往是最关心环境问题和人类未来的，他们设想了未来无数种极端恶化的自然环境，也为人类如何应对环境问题贡献了自己的思路和办法。哪怕有一天环境真的变成那样了，人类也总是会有办法的，只是更苦点更累点罢了。

那些遥远的希望是我们的慰藉，但现实中那些希望却真实地带给我们力量。

世界八大环境公害中有一半的事件发生在日本，但是经历了经济发展之后的日本的环境条件有了明显的改善，环境恶化的问题在强烈的公众环保意识和强大的科技实力面前迎刃而解；欧洲和北美也向我们证明了，高生活质量是可以和美丽的自然融洽共存的；中国在党的十八大之后，加强了水污染治理，河长责任制的建立极大改善了中国大部分地区的水质条件，还有工业区环保改造、退耕还林还湖、大西北变沙为林，这些努力也真真切切优化了中国的环境。现实和历史的种种例子告诉我们，实现环境的优化，只要愿意做，愿意坚持，一定是可以成功的。

● 某高校政府管理学院 ZYW 同学：

我的态度是乐观的。

关于人类能不能一起合作完成自我拯救的使命，有很多人认为，既然地球上的资源是有限的，而人们是依据利益来生存的，那么必然会出现对有限资源的你争我夺，冲突是难以避免的。但是我想起老师在课堂上给我们展示的薇薇安·威斯特伍德女爵士的画。在这幅画中，利益不是树干，而是树枝。利益只是从"科学—进步—数量"这条价值链上生长出来的小小的一环，它既不是我们所要追寻的最终目标，也不是我们赖以生存的根本。

这让我想起了本尼迪克特·安德森的《想象的共同体》一书，在这本书里，他思考"为什么人们会以共同体（在这里他指国家，但是我认为可以延伸到整个人类社会）的姿态出现在这个世界上？"他的解释有两点：血与土的亲密关联以及共同的愿景。这样的解释和威斯特伍德女爵士的画不谋而合：我们成为一个共同体是因为我们都是大地母亲的孩子，我们脚下是同一片土地，而且我们身上留着共同的血。其实，命运共同体的理念对于我们每一个人都是有感召力和约束力的，它要求和鼓励我们互相依靠，而不是完全被科学的逻辑牵着鼻子走，一味追求增长、进步，被短暂的利益所蒙蔽。我们需要审视人之所以为人的价值，审视我们内心对稳定和持续发展的本能渴望。也就是这个时候，我们会发现，我们真正追寻的东西是如此的相似，我们可以分享一个共同的未来，那就是：一起去维护人类命运共同体，打造人与自然和谐共生共存的世界，只有这样，人类在地球上的未来才会乐观、光明。

但是我还想提一点，那就是科学（也就是树的右边分枝）无可置疑地重塑着人类在地球上的命运。从第一次工业革命，到第二次工业革命，再到现在的信息革命，我们的生活方式经历了一次又一次革命性的变革，这些变革可能伴随着环境的恶化。可是我始终相信一点：我们可以一起创造新的绿色的生产和生活方式，我们可以一起不断地去创新，来应对未知的挑战。

为此，我作为一个青年人，一是要从身边的小事做起，去践行环保（做好垃圾分类，使用公共交通，支持循环经济），并且参与到一些环保宣传中，成为一个负责任的国际公民；二是要学好自己的专业知识，培养自己独立思考和批判性的思维能力，不要被社会上恶性竞争的思维带着走，要一直相信人类的未来是属于所有人的。在未来到来之前，我会满怀希望地过好每一个当下。我喜欢村上春树的这一句话："总之岁月漫长，然而值得等待。"

● 某高校地理与海洋科学学院 CB 同学：

我的态度不能用简单的"乐观"或"悲观"来概括。虽然站在无限时间的角度，人类发展堪忧，但是站在人类社会的角度，我们近期（也许有几十万年）还是大有可为的。不能因为看得太长，觉得人类无法实现永续发展，就破罐子破摔，放弃努力。而且，我们积极向着能够使得人类长远发展的方向努力，这正是我们的价值所在。不能因为我们做的事情看不到结果，就否定我们事业的正确性，或者放弃。我们所创造的历史，我们所创造的文明，正是我们努力的价值。过程是有意义的。

我们和其他生物最大的不同，就是我们可以传递知识。我们可以站在巨人的肩膀上，看得更远。也许我们这一代人看不到希望，也许往后的几百代人类都可能看不到希望，但是只要我们不断努力，不断传承，相信总有一天，会有人站在前辈的肩膀上，看到一点我们所没有看见的东西——希望。

而我所能做的，就是尽可能地把可持续发展的观念、环保的意识传递下去。我的家乡缺水，我家挖了机械井，用于采集地下水。有时候看到我父亲浪费水，我就告诉他，要节约用水。他告诉我，家里完全支付得起水费啊。我说，我心疼的不是钱，是水。你现在用的可能是你的孙子，也就是我的儿子的水，可能是历经很多年才形成的水，于是他便不再浪费水了。我跟我父亲在环保意识方面的进步，正是人类社会环保意识进步的缩影。我没有责备我父亲的意思，他有他时代、视野的局限性，而我更应该带动身边的人，言传身教，至少做好一些力所能及的小事情。

- 某高校历史学院 DSX 同学：

现在我对人类在地球的未来持一些悲观态度。悲观态度的产生与我有限的个人能力相关。因个人能力有限，我在面对相关问题时往往会产生无力感。

在大学里接触了社会学、历史学、新闻学等不同类型的学科之后，我学会了从不同的角度去看待事物。教育拓宽了我的视野，同时也让我关注到地球所存在的问题，这些问题或大或小，严重程度不一。我也意识到地球上的所有事物都有着一定的联系，它们会相互影响、相互作用，个人行为和地球同样是相互影响的。

因此在面对问题时，我会产生极强烈的想要付出努力去解决问题的想法。我想成为参与者，去直面问题、解决问题，而不是继续做一个旁观者。但在想法产生之后，我在遇到问题时却发现无从下手，一方面是无法掌握问题，另一方面是无法解决问题。从小问题到大问题，解决问题的想法、实践与个人能力之间充满了矛盾。

小的时候，我家附近有一条河，周围居民的生活用水都来自那条河。在我长大的过程中，河水也逐渐变得浑浊，水量也远小于从前。回家看到被污染的河流，我会感到痛心。作为生活在这个环境中的人，我希望河流可以恢复曾经的清澈，于是进行了尝试。我向生活在小河附近的人宣传河流治理、保护水源等环境意识，但人们还是继续向河里扔垃圾、倒废水。我个人能力也尚不足，没有绝对的解决河流问题的办法。同时我个人也有着多重顾虑。我担心个人力量的弱小，空有想要解决的想法，却无法付诸实践。

在大二，我上了"媒介与社会性别"这门课，在课程中我体会到个人也拥有着强大的力量，当希望和力量凝聚时，我们的未来可以有更多的可能。因为对人类在地球上的未来有着热情和期望，所以我希望未来可以变好。我会以自己的方式为未来而努力。研究生阶段，我准备学习人类学，想从专业的角度来认识人类，同时更好地认识自己。

● 某高校人文地理专业 ZYL 同学：

我对人类的未来整体持一些悲观态度，因为自由、民主、平等、法治与人权的美好期望对世界上的很多人而言还很遥远，我们还面临着贫困、饥饿、全球变暖、经济危机乃至疫情等多层次的问题，这些问题以各种方式与程度存在于各个国家与地区，而多数国家与地区没有能力或者意图去面对这些挑战，世界又缺乏有足够约束力的跨国力量对国家与地区进行监督与帮助。

我打算为此做什么？

作为一名人文地理专业的学生，我希望能进入联合国工作，利用自己的专业特长在技术岗工作，参与到联合国的事业中。

● 某高校外国语学院 ZZL 同学：

基于我个人的经历，我对人类在地球上的未来是持乐观态度的。

绝望和希望总是相伴的，要辩证看待。我相信，即使是持悲观态度的人，看待这个问题时的感受和我心底的希冀终究是一样的，都希望地球有美好的未来。而未来的一代人是站在巨人肩膀上的一代人，我们应该给予他们足够的信心，当"最危险的时刻"再一次来临时，我们还会再次迎来黎明。

现在的我，会这样回答您：联合国环境署正在做一件非常伟大的事情，让越来越多的人提高自己的环保意识，关心整个地球家园。我也非常愿意以乐观积极的态度，为地球的未来贡献自己的力量，这样下一代人也会受到鼓舞，把希望继续传递下去。

二、联合国与全球治理

新冠疫情的暴发，使世界各国面临着全球百年未遇的大变局。在后疫情时代，联合国在维护世界秩序、推动全球治理等多重挑战方面，将发挥何种作用？中国应承担的责任和担当是什么？下面几位学子的观点，积极向上，有创意，有一定的代表性，有助于读者对这个问题进行思考。

● **某高校法学院 JWJ 同学：**

新冠疫情不仅给各国公共卫生维护带来了挑战，也使世界秩序产生了重大动荡。我认为在后疫情时代，世界秩序的新变局总体上将表现出以下两点特征：一是世界范围内的经济萧条，二是世界治理机制面临新的挑战。世界范围内经济的动荡引起了各国社会的动荡，大量原本就处于低收入或收入不稳定状态的人因为疫情完全失去了收入来源，成为无业游民。此外，有学者指出，由于数字经济受到疫情影响较小（甚至其价值得到凸显），因此数字经济较发达的国家、地区与其他国家、地区的贫富差距进一步拉大，加剧了社会财富在分配层面的不均衡。

世界秩序的基础就在于各个主权国家做出同意或承诺以实现自我约束，进而实现国际治理。联合国在这一过程中所起到的作用就是尽力维护这一整套国际治理规则的正常运转。在现有国际治理机制之下，我们必须充分发挥联合国在国际治理过程中的能动作用：引领国际道义，为弱者发声；推动多边机制的完善；推进重点议题讨论，助力世界秩序恢复。

中国作为受益于多边主义的正在崛起的发展中的大国，支持联合国充分发挥其世界治理职能、促成世界永久和平、保障世界各国享有充分的发展机会，是中国理所当然具有的国际责任。具体而言，应当主动支持联合国及其组织机构开展工作，维护世界多极化趋势，抵抗单极化倾向与零和博弈思维，并对国际事务积极提出建设性的见解，为当代国际问题贡献"中国智慧"，提出"中国方案"。此外，还要推进涉外人才培养，鼓励中国人到国际组织任职，在国际治理过程中更多地发出"中国声音"。

后疫情时代，在联合国充分发挥其国际治理职能的同时，中国作为国际影响力日益壮大的正在崛起的大国，也要抓住历史机遇，推动构建人类命运共同体。这也正是落在我们这一代人身上的责任，落在这个时代每一位有识之士身上的责任。

- 某高校新闻学院 LSR 同学：

"数字鸿沟"并不是一个新问题。而疫情带来的数字化的升级加速，无疑让数字鸿沟变得更为可见了。疫情放大了代际的数字鸿沟，疫情也凸显了贫富群体之间的数字不平等。如今，发达地区正从信息时代进入智能时代。欠发达地区却仍有数十亿民众没有接入互联网。在数字经济成为经济增长主要动力之一的今天，知识壁垒、数字化发展差距，无疑在国家与地区之间划下了天堑。同时我们还必须提防数据垄断所带来的新的不平等危机。数据该为谁所有、如何规范数据的使用，是这个时代亟待解决的重大议题。

无论是填平数字鸿沟，还是管控数字垄断，我们都需要全球范围的努力与协作。联合国，无疑在其中扮演着重要角色。

那么，应对这类数字不平等，人类可以怎么做？

弥合数字接入鸿沟，首先需要保证互联网人人可及。后疫情时代，我们需要重申接入互联网的平等权利，保障基础设置网络，让所有人都拥有走入数字世界的入场券。联合国推出的"数字合作路线图"就体现了这一目标，联合国力图在 2030 年前将剩余的 36 亿人连接到互联网，利用数字技术推动可持续发展。

弥合"使用沟"与"内容沟"则需要更包容的数字素养教育。早在 2013 年，联合国教科文组织便提出了"媒介与信息素养"（media and information literacy）的概念，定义媒介与信息素养不仅仅包括接入互联网的能力，还包括人们获取、理解、评估、利用和创造以及分享信息及各种形式的媒介内容的能力。在网络生态日益复杂的当下，数字素养教育的重要性愈发凸显。希望在未来，"媒介与信息素养"教育能够抵达更多的学校、社区和国家，帮助所有人利用技术为自己赋能。

除此之外，数字鸿沟与社会内部的其他结构性不平等紧密结合则呼吁更多的国际合作。数字鸿沟无法孤立解决，还需更多国际力量勠力同心。

数字化浪潮已不可阻挡。新冠疫情作为一个影响深远的历史奇点，在带来挑战的同时，也给予我们一次停下脚步反思的机会。在不断发展的未来，"数字鸿沟"应当在数字资源的不断拓展之下逐渐减小，"数字资源"应当成为人类的共同财富。完成这一过程所需要的不仅是某一单一领域的贡献，而是政策、经济、教育、科技等多领域合作努力的结果。我希望联合国能成为架起这多方合作的桥梁。

● 某高校法学院 RHL 同学：

一个和平稳定的世界秩序的形成，寄希望于有效的国际协调机制的出现。在后疫情时代，世界更需要团结。新冠大流行给人类的教训就是，在全球化的时代里，世界上任何一个角落发生的疾病都很容易跨越边境，感染其他国家的人。对此，联合国秘书长古特雷斯说道："除非人人安全，否则无人安全。"习近平主席也在全球健康峰会上首次提出了"人类卫生健康共同体"的概念。这对国际协调机制提出了很高的要求，世界需要怎样的协调机制以维护公正合理的世界秩序？

世界秩序的维持需要法治，而说到法治就离不开一个极为重要的国际组织——联合国。诚如联合国第七任秘书长安南所说的，联合国具备使特定规范合法化或使其他规范和惯例非法化的能力。联合国作为最重要的国际平台，可以推动国际法的编纂与发展，维护公正合理的世界秩序。

但是，世界秩序的维持不能仅仅依靠法治，还需要"礼治"的帮助。这里的"礼"应该是全人类所信奉的共同价值。习近平主席在出席第70届联合国大会一般性辩论时指出，和平、发展、公平、正义、民主、自由，是全人类的共同价值。国际法是各主权国家共同建立的法律规则，体现了国际社会的共同意志，也是人类共同价值的反映。有约必守是国际法的原则之一。当一个国家不遵守国际法、肆意毁约、任意"退群"时，除了承担法律责任，它还将受到道义的谴责。这种"礼治"的力量将为国际法治保驾护航。联合国第二任秘书长达格·哈马舍尔德说过："联合国秘书长没有军事力量，也没有经济手段，他唯一拥有的就是国际道义力量。"这种国际道义力量既是国际"礼治"的基础，也是国际法治的保障。

一花独放不是春，百花齐放春满园。每个国家都有自身独特的文化，不同国家之间应该相互包容。儒家思想的恕道，正是"己所不欲，勿施于人"。任何国家都不应该将自身的制度与观念强加于他国，国际社会应该尊重各国人民选择适合自身国情的发展道路。在后疫情时代，传统与非传统安全威胁相互交织，国际社会应该建立更为公正合理的世界秩序。联合国应继续发挥法治和"礼治"的作用，推动构建人类命运共同体，建立与维护公正合理的国际政治经济新秩序。

- 某高校农业与农村发展学院 SWF 同学：

　　新冠疫情使这个大变局加速变化，这既是风险的集聚期、冲突的临界点，也是机遇的窗口期。中国作为新兴的发展中大国，需要有历史担当，还要加强国际合作，共同抓住机遇和应对挑战，推进新型国际关系和人类命运共同体的建设。"人类命运共同体"是中国提出的全球治理理念，体现了中国在新时代的世界观，以及在开放包容、相互尊重、热爱地球的基础上构建公平、合理和公正的全球秩序的愿景。

　　后疫情时代，推动构建人类命运共同体，是抵御疫情致命冲击的"救急所"。"人类命运共同体"是古今中外人类思想的结晶，是发展到近代以来的集大成之思想，具有伟大的时代意义。"人类命运共同体"主张超越种族、文化、国家与意识形态的界限，为思考人类未来提供了全新的视角，实际上融合了人类在 21 世纪政治、经济、社会、军事、安全等各个方面互相依赖的状况。疫情之下或者说后疫情时代，它对于未来各国之间的合作将会产生至少三方面的重大影响。第一，强化各国间的政策沟通，减少乃至避免更多尤其是大国间的冲突。要站在"人类命运共同体"的角度加强政策沟通，避免大国的冲突造成人类共同的悲剧。世界各国间有了更好的政策沟通，才会有更好的全球社会环境，人类文明才会有更进一步良性发展和繁盛的基础。第二，把人类相互联通、沟通命运的未来阐释清楚，在经济上进一步加强各国间互联互通的政策导向。第三，极大地提升各国社会之间的全球认同。

　　我认为，我们需要建立的，是以开放、包容、相互尊重和对大地之爱的精神基础上的公平，以合理和公正为基础和核心的世界秩序。

　　正如习近平主席在 G20 领导人特别峰会上所强调的，病毒无国界，疫情是我们共同的敌人。以"人类命运共同体"理念为引领，国际社会齐心协力、团结应对、加强合作，必将凝聚起战胜疫情的强大合力，携手赢得这场人类同重大传染性疾病斗争的胜利。最后，让我们共同期盼一个通过协商、共同努力和互惠互利建立起来的共同繁荣的世界。

● 某高校经济学院 ZHY 同学：

我们已处于一个传统安全与非传统安全相互交织的时代，也是一个局部问题和全球问题彼此转化的时代。各国利益休戚相关、命运紧密相连，是命运共同体。过去只靠一国政府来解决所有问题的思维和做法，在全球化时代已经越来越难以奏效，应对非传统安全威胁等全球性挑战是我们共同的责任。

在后疫情时代，联合国必须发挥桥梁作用。

首先是作为利益沟通的桥梁，要发挥协调主要大国关系、照顾中小国家利益、继续促进国际和平与发展的作用。其次是作为文化沟通的桥梁，发挥沟通文明与人心、增进交流与理解、促成互信与共识的作用。再次是充当当下与未来的桥梁，站位高、目光远，为国际新秩序的构建提供蓝图规划和指导方案。最后，联合国还要充当理想和现实的桥梁，将国际政策切实执行，将国际共识转化落地。联合国具有强大的道义吸引力，可以吸引各国各个领域的智力资源和物质力量，在医疗、卫生、教育等方面为各个国家尤其是欠发达国家提供咨询力量和援助力量。

而联合国作为当今世界上最具广泛性和代表性的政府间国际组织，并非意图变成一个世界政府，而是要成为以一种与世界各国的共同利益相契合的价值理念作为支撑、促进大小国家民主协商、平等沟通的平台，在全球治理中发挥桥梁作用，建立和健全一整套维护全人类安全、和平、发展、福利、平等和人权的国际政治经济新秩序和新规则，推动这个世界变得更加安全、公平和繁荣。总体而言，联合国在构建人类命运共同体的进程中大有可为、值得期待。

编者寄语

我们要从自己做起，从身边做起，从现在做起，做好力所能及之事。是的，我们既要有面向大地的笃实，也要有仰望星空的远谋；既要立足当下，学好专业，也要眺望前路，以创新迎接挑战。全球治理任重道远，期待不久的将来，能看到更多优秀的中国青年走上国际舞台，为世界变得更美好奉献自己的才华与热血。

附录三

海岛觅踪①

东非沿海，具有阿拉伯风情的拉姆镇，在古老的街道边，中国的瓷器碎片随处可见，在月光下闪着柔和的光。而偏僻的曼达岛西雨村边，横七竖八的大炮躺在一个围墙下，与宁静平和的小村落为邻，显得格外扎眼与丑陋。中国郑和船队 1405 年下西洋，到过东非的马林迪，比 1506 年后到达的葡萄牙人早了 100 年。中国先人来到这里是和平之旅，而欧洲列强呢？拨开历史的尘埃，我们可以清楚看到，中国优秀的传统文化中的"和"，数百年来一直深深影响着我们的对外交往。"和"与联合国的宗旨是一致的。

在联合国任职期间，我身在海外，心系祖国。探访西雨村，初衷是寻觅郑和船队的遗踪，而不经意间，还促成了一位郑和船队后人、肯尼亚姑娘夏瑞福不远万里，来到中国寻根、学习中医，谱写中肯友谊的新篇章。在此分享小文，以抒家国情怀。

从 1421 说起

2004 年夏季，联合国同事杰克逊向我介绍了一本英文书，书名是 *1421: The Year China Discovered the World*（《1421：中国发现世界》，下简称《1421》）。作者是位英国退役海军军官，叫加文·孟席斯。他利用其丰富的航海知识和经验，实地调查并推断郑和船队当年下西洋，不仅抵达了东非

---

① 原文曾于 2005 年发表在《江西画报》第 117 期。收入本书时有增删。

海岸，而且还到了南极、加勒比地区、美国加利福尼亚的圣克莱门特和北美其他地区。郑和当年最远到了哪儿，学术界可继续讨论。若孟席斯的论断成立，那么，世界史是否就要修改了呢？郑和航海始于 1405 年，比哥伦布 1492 年发现新大陆早了许多年。孟席斯在网上已设专页，就叫"1421"，有关信息也在不断更新。2005 年，该书中文版面世。书中有一幅插图引起了我的兴趣，那是一位阿拉伯装束的人牵着一只长颈鹿。画上题有"麒麟图"三个汉字，落款时间为永乐十二年（1414 年）。2002 年春，在肯尼亚出席环境会议期间，时任中国驻肯尼亚大使杜起文在其官邸给我们代表团展示过这幅画的复制件。据说原画真迹在瑞典，又有一说在台北故宫博物院。以此为据，这优雅的非洲长颈鹿在 600 年前就以麒麟的身份访问过中国了。当年在朝野上下引起的轰动可想而知，这应归功于郑和的跨洋之行。

明朝宫廷画家沈度永乐十二年
绘制的《麒麟图》

在一次与驻肯尼亚使馆外交官 Z 先生的聊天中，我提起《1421》这本书。据他讲，在肯尼亚确实传说当年郑和船队有人因故留下而再也没能重返家乡，其后代至今仍生活在东非的某些海岛上。有人曾探访过肯尼亚拉姆地区的帕泰岛，见过岛上的中国后裔，可详情不甚了解。这个信息令我心动。2004 年 12 月 10 日，我利用周末假期，带着探寻郑和遗踪的想法，拉上妻子刘淑琴从内罗毕飞往海滨古城拉姆。

拉姆古城

小螺旋桨飞机像个蜻蜓似的扑腾着翅膀，从内罗毕起飞了。我们的飞机可乘 6 人，含一位飞行员。由于飞得不高，正好饱览东非高原的自然景色。一会儿是茂密的植被，一会儿是树木稀疏的丘陵，偶尔有零星几个房屋点缀其间，使人感到在这广袤的土地上发展空间很大。500 公里的航程小蜻蜓扑腾了两个多小时。到达拉姆机场时，飞机跑道被一大群悠闲的牛占据着。小飞机只能在上空盘旋等待机场人员来清场。我们在飞机上能看到有人不停地挥舞着木棍，恼火地连骂带打地把牛群赶出跑道，我们的飞机这才降落在暴土狼烟的拉姆机场。该机场建在曼达岛上，土跑道，木板搭建的办公室，石板砌成的安检台，用长杆抬秤称行李的柜台，农贸市场式的开放机场组成了这个颇具非洲特色的场景。这是我目前为止见到的世界上最小、最简朴的机场。下机后，接机的是一位老船长，名叫阿卜杜勒。他头缠白地彩格布，腰间围着彩格布，上身着短袖圆领衫，拉着一辆安有两个大胶皮轱辘的地排车。他代表皮珀尼酒店迎接我们并张罗着把行李装到车上。一个伙计拉着车走了几十米，就到了码头。每个旅馆均有自己的客船，如同一些大城市酒店有自家的接客专车一样。我和淑琴等一行人及行李登上了一艘机帆船。老船长清点了人数后便启航了。

古朴的机帆船在海湾突突地跑着，清澈的海水在船下静静地流着。航道一侧是茂密的红树林，另一侧就是拉姆古城。拉姆是个充满阿拉伯风情的千年古城，名列联合国教科文组织《世界遗产名录》。历史上，最早的居民是当地土著人。之后，阿拉伯人、葡萄牙人、德国人、英国人陆续来到此地。中国人最早到东非海岸的时间待查，现存的历史记载是明永乐年间，郑和船队曾两次抵达此地。公元 9 世纪起，阿拉伯人在桑给巴尔、蒙巴萨、马林迪和拉姆一带的沿海城镇定居。虽然后来为葡萄牙和英国人的势头所取代，但至今那里仍保留着许多阿拉伯特征。拉姆尤其如此，宗教、文化、风俗、建筑、装束等方面，无不体现着这一点。船大约行驶了 20 分钟，我们便到达了入住的酒店——皮珀尼。

拉姆之旅，短短几小时就将海陆空交通工具都用上了，真有意思！

我们入住的皮珀尼酒店在拉姆岛的东北角。酒店不大，有 20 多间客房。餐饮水平相当不错，早餐的面包是现烤的，内松软，外皮脆；正餐以海鲜为主，味道鲜美。酒店主事的是一对丹麦夫妇，我们并不清楚他们是酒店拥有者还是管理者，但酒店各方面都打理得井井有条，服务到位，令人舒适愉快。

第二天，我们找到前次来拉姆时结识的当地友人阿里。他总是着一件白色阿拉伯长袍，头戴一顶制作精致的乳白色穆斯林帽子。他妻子14岁嫁到他家，现育有一儿一女。全家靠他开录像厅的收入生活。家境虽不富裕，倒也悠闲自得。他见到我俩非常高兴，得知我们的想法后，便兴致勃勃带领我们直奔拉姆城中。该城建筑有浓郁的阿拉伯特色。白色的外墙、雕花的木门，家家不同，造型各异，充满异域风情。大户人家门洞两侧有石凳，据介绍是供来访者歇息的，待主人在室内料理停当后，再应邀入户。狭窄的街道，常常只能与对面来人侧身相让而过。若是来头驴，人们就得就近找个人家的门洞来避让。驴是拉姆唯一的交通工具。据说城中仅有的一辆机动车是救护车，可没人知道它停在哪，也没见过谁家用过。高屋窄路的优点，是能够遮住赤道骄阳，利于凉风穿行。道旁有排水明沟，各种污水在此"同流合污"，去向不明，应该是归了大海。由于人多污水多，加之驴粪遍地，城内环境卫生急需治理。

我们让阿里领路，主要是想走访可能还保存点古物的人家，见识一下当年郑和船队带来的东西是否还有留存，领略我中华使者昔日的遗踪和风采。拉姆主要街道就两条。当我们走到第二条街中间一个不起眼的门口前时，阿里拍打了几下门环。片刻后，从里面出来一位脑满肠肥、衣冠楚楚、面目可憎的人。当知道我们的来意是只看不买后，他的脸像门帘一样挂了下来，傲慢地称他曾有不少中国古瓷器，已统统卖给香港非常有钱、开镀金汽车的朋友了，并称有事要忙，撂下我们走了。无奈，我们抓紧时间又去了下一家。它是坐落在什拉村的一个大院。主人外出，接待我们的是一位会瑜伽的管家。听说我们是游客，想了解当地住户的风土人情，他便客气地介绍了该院的布局和屋内陈设。在该院天井的一个角落，他向我们展示了一个两年前在拉姆码头购买的从海底打捞出水的古坛，上面有二龙戏珠浮雕，龙的神态凶狠，颇具明代风格。可惜沉睡海底太久，坛体附满了牡蛎壳，其花纹和颜色已很难辨认。此物虽无甚观赏价值，但它应可供历史研究者断代。随后，我们上了这家屋顶的晾台，看到一个浴室。内部穹顶和四壁镶嵌了许多瓷片，作为装饰，其中青花瓷片居多。图案纹饰有缠枝莲、折枝花卉、山水亭台等，还有一些粉彩瓷片。值得一提的是镶嵌在壁上的瓷片中，有两个碗底的款识均为"大明成化年制"，字体稍显潦草。虽不是明永乐年间郑和船队的物件，但在东非海岸一个小村落里，见到中国古物，心里还是着实激动了一阵。我们还欣赏了院落主人陈设在主卧室的一个青花瓷碗，虽不是官窑，色泽倒也深沉耐看。

告别管家，在回旅馆的路上，阿里提起村里有一位欧洲人，是个女大夫。她家曾收藏了许多中国古董，生前靠古董生意发了财，在村里购置了八九处房产。死后遗产如何处置不得而知，反正是什么也没带走，全留下了。现在不知归谁在管，无法前去参观。看来拉姆这个地方，这么多年，遗留下来的中国古董早已被古董商或识货者一遍一遍地淘得所剩无几了。

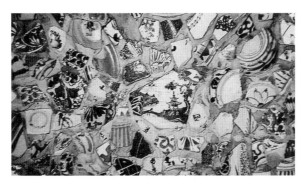

装饰在浴室内壁的碎瓷片

晚饭后，我们坐在酒店靠海的台阶上，漆黑的海面没一点儿亮光。海浪一遍又一遍地涌向海岸，又卷着白沫退去。海风轻轻地吹，带着印度洋的湿味扑面而来。它赶走了酷暑的燥热，令人惬意得很。阿卜杜勒船长不知何时走来，静静地坐在离我们不远处。他有着典型的阿拉伯人特征，络腮胡子，浓眉大眼，方脸盘，头戴阿拉伯方巾，配上有棱有角的嘴，使人想起《天方夜谭》故事里阿拉丁神灯的主人公。他有六个儿女，均已成家。

我请老船长讲讲他知道的有关中国的故事。月光下，海滩边，我们坐在旅馆院前石阶上，伴着风吹椰林的沙沙声，听阿卜杜勒讲述了一个古老的传说。

大约几百年以前，有一艘中国商船在帕泰岛附近海面失事，船上水手仅有四人（有说十一人）死里逃生，在一个叫"上加"的地方登岸并生存下来。后来不知由于什么原因又移居到西雨村。那时，此村正有一条大蟒盘踞在清真寺。为防它伤人闹事，每天村民都用鸡鸭狗兔投喂它。这蟒闹得人心惶惶，严重影响了村民的正常生活。最耽误事的是当地的穆斯林无法到清真寺做礼拜了。正当村民为如何除害发愁时，这四个中国人来了。村里的长老发话，如果中国人有办法把大蟒除掉，就允许他们定居。四人了解了情况，合计之后，接受了条件。他们让村里准备了一头小牛，而不是鸡或狗。他们的做法是，先饿大蟒几天。待饥饿的大蟒要爬出来觅食的当口，他们便把小牛推入寺中。那大蟒吞下小牛后，需要使尽力气把小牛的骨骼挤碎，以利消化。这四人瞅准大蟒精疲力尽的当口，一拥而上，将其斩首。这四位中国人以智慧和勇气赢得了村民的认可，于是被村里收留了。这四人起先还盼望中国会有船来接他们回家，等了不知多少年杳无音信，便在此地娶妻成家，繁衍至今。当地人称这四家人为"沃法茂"，葡萄牙语，意为从海里逃生的人。故事感人，令人心情难平。我们当即决定，翌日去帕泰岛西雨村，找沃法茂去。阿卜杜勒自告奋勇为我们租船当向导，一同登岛。

西雨村之行

拉穆地区由拉穆、曼达和帕泰诸岛构成。前面提到的上加村在帕泰岛的东南角，面临印度洋，依次向西排列为中华（音译）村、帕泰镇、西雨村。西雨村坐落在帕泰岛西北角，通往该村狭窄的浅水通道是天然屏障，大船进不去。在大潮时，小汽艇可达其村边，落潮时，普通帆船只能在西雨水道外的帕泰湾停靠，换乘小木船，根据潮水涨落程度在水道内三个远近不同的地方停靠。最远的停靠点是个水泥码头，距村步行需要40分钟，最近的则需走20分钟。

我们于12月12日下午2时乘快艇由拉姆岛什拉村出发。快艇像条飞鱼，在茫茫大海的波涛海浪中穿行。经曼达岛穿过帕泰湾时，忽然乌云密布，骤降大雨。雨点打湿了衣服，抽在身上生疼。快速行驶的汽艇时而被波浪托起，又当即抛下，把我浑身骨头架子颠得快散了。穿着薄衣的妻子坐在我身旁，默默地忍着风雨的吹打。快艇全程行驶约一个小时，之后进入西雨水道。由于尚未涨潮，汽艇靠撑篙在水道勉强行进到最靠近村子的一个停靠点。我们一行便下船提鞋赤脚涉水前行。这是一条被雨水在红树林中冲出的浅沟，走的人多了，成了一条漫水小路。路两边长着茂密的红树林，林间奇多的红红紫紫的小螃蟹四处横行，这是我有生以来第一次见到这种螃蟹。老阿卜杜勒背着我们的行囊在前领路，任劳任怨，机帆船船长手持一罐清水断后。大约10分钟后，我们在小路尽头看到了一些椰树、芒果树和罗望子树，树旁是通往村子的大路。这时，那位船长用捧了一路的那罐清水给我们冲脚蹬鞋，然后折回快艇。

　　我们怀着兴奋的心情快步走向西雨村，约 10 分钟后到了村口，眼前赫然出现一座古城堡。高高的城墙，萋萋的野草，破旧的城门不知经历了多少风雨沧桑。城下杂草中横七竖八地躺着几门不知哪个朝代的黑色大炮，静静无声地显示着往日的侵略与征服。城堡下面的房间已被村民辟为他用。在村口，我们遇见了一位叫纳赛尔的青年，他举止文静，衣着整洁，讲英语，显然受过良好教育。纳赛尔是村里的小学教师，他说这是葡萄牙城堡，建于 1870 年。西方列强为什么在如此偏僻的村落建这么结实的城堡？这段历史有待查考。

西雨村城堡

　　当得知我们寻访沃法茂时，纳赛尔主动为我们带路。进村子得先经过一座横跨小河的小桥，这情景颇有进入中国江南水乡小村的感觉。

　　村里的民房简陋但实用，足以遮风挡雨，避暑栖身。屋子墙体用黄泥和石灰石垒砌，屋顶用树叶和茅草编搭成尖形，与墙体之间靠木棍连接支撑。尖屋顶和四面墙体之间是敞开式的，利于通风，施工也可简化不少。一房通常隔数间，中间是过道，厨房在旁侧。住户大门有讲究，较富裕的人家是木门雕花，其次为石门无花，再次者是蓝漆木门，贫者则无门。

　　纳赛尔带我们去的第一家沃法茂家境较差，房屋无门，主人是位中年妇女，肤色比黑色浅，比黄色深，面部轮廓不像黑人，有些接近广东人的脸型。她的女儿是黑皮肤，长着一双大眼睛，跟她长得不一样，名字叫姆瓦玛卡·沙里夫。母女俩只讲斯瓦希里语。通过纳赛尔的翻译，我们得知她家祖辈传说，其祖先几百年前来自中国，可家中已无任何东西可证实这一点。他家有两个男孩子，据纳赛尔说，长相都与她相像，都去蒙巴萨谋生了。令人不解的是，女主人说她之前曾见过我妻子刘淑琴，而我们确实是第一次来这里。既然是似曾相识，淑琴就请她们母女俩一块儿高高兴兴地合影留念。

随后，纳赛尔引领我们去了另一个沃法茂家。这家也较贫困，房屋无门，内有六个隔间。因未得到允许，便没贸然进屋，屋内情形不得而知。屋外有口井，用树枝封盖，防人误落。村民用塑料桶打水，这使我想起胶东老家的打井水，从水桶、井绳、扁担到打水技法都有讲究。村里人知道有中国人来了，这时已有一帮孩子围在身旁，我也搞不清谁是这家的，但没有一个长得近似中国人。忽然，我注意到一位妇女在屋前台阶上用井水给一个婴儿洗澡。母亲看起来是个典型的黑人，而婴儿却是黄皮肤，黑头发，鼻子、眼睛和脸型与中国南方小孩有点相似。一问才知母子俩来自沃法茂家，小孩父亲是个黑人。我又问家中有何中国物件，她取出一个中国瓷盘，盘底有"莆田造"三字。从色彩、釉面和款识看，不像明清朝代之物。

据说这家的人也是郑和船队的后人

由于要在潮落和天黑之前赶回去，我们匆匆告别了他们去找传说中的大清真寺。在村边上，有一个类似农村小学教室的建筑，纳赛尔说这就是我们要找的大清真寺。这可能是我见到过的最简朴的清真寺了，它也折射出当地的经济状况。因不是礼拜时间，寺中空无一人，洁净的地面，空寂的环境，显得神圣而肃穆。我从人生，生死轮回，联想到坟墓。若是中国人后代，村中必有他们埋葬先人的坟墓。一问，果然有。在村外一片杂草丛生的大树旁，我们看到了一座石墓，有6米来高。墓顶有装饰，墓门已无，墓室有10余米大，空空如也，墙壁上没发现任何痕迹可使人推断这是何时何人的最后归宿。墓额凹处应有墓名，两边原镶有瓷器，现早已不知去向。墓门两边各有15个凹处，原先也均镶有瓷器。纳赛尔称，在1995年之前这些瓷器都在，后来被人撬走卖给文物贩子了。不知为什么，脑中闪了一下拉姆城那个令人生厌的胖子。这墓的主人是谁，何时安睡在此，阿卜杜勒说不清，纳赛尔和他年过百岁的祖父也不知道。看来答案只有等待以后的人来考证了。

老船长故事中提到的西雨村大清真寺

西雨村无名氏大墓。墓门两侧外墙各15个坑，
门楣有2个坑，原来都镶有瓷器

红日西沉，在阿卜杜勒的催促下，我们疾步赶到来时的村口。由于涨潮，船长把快艇从我们下船的地方开到村边接我们。谢别纳赛尔，登上汽艇，望着晚霞映照的西雨村，心情既兴奋又有些许遗憾，难以表述，感到心愿似了未了。

在返回拉姆的路上，脑中颇有一些问题未解。如，这个有 1500 人的村子，可谓穷乡僻壤，交通不便。为什么葡萄牙人要在此选址耗资修建那么大的城堡呢？这真有什么要防守吗？我们见到的那些沃法茂是中国人的后代吗？如是，是郑和船队留下的吗？还是在那之前或之后其他中国商船留下来的？那座墓到底是什么人的？……

美丽的瓷片

拉姆城中的炊烟伴随着晚霞慢慢移向天边。在城中街道旁，我顺手捡了几片路边的青花瓷片。2005 年回国时，承蒙江西的许苏卉大姐帮忙，请景德镇瓷器专家对这些拉姆瓷片做了鉴定。专家说，这些瓷片大约是清乾隆晚期至道光年间的碗残片，是景德镇民窑产品。根据日本人所著《陶瓷之路》一文，非洲东部沿海——北起埃及南至肯尼亚均发现过中国的瓷器残件，数量不少。

我们的先人跨洋远行，没有掠财占地，而是促进了与各国的贸易和文化交流，留下了与各国友好交往的历史佳话，典型的例子就是郑和七下西洋。与人为善的传统思想和理念根深蒂固，影响着一代一代的中国人乃至我国的对外政策。中国以世界公认的友善礼仪之邦屹立于世界民族之林，作为中国籍联合国职员，对此我深有体会。在东非海岸，各方列强留下的城堡和大炮昔风依旧，而中国人留下的美丽瓷片在海滩上、古城街道边闪烁着柔和宁静的光。

结 语

从西雨村回到内罗毕后，借时任中国驻肯尼亚大使郭崇立夫妇来家做客之机，我们跟大使夫妇念叨了此事。不久，郭大使和肯尼亚博物馆的人员一起到拉姆西雨村考察，探访了姆瓦卡玛·沙里夫一家。后来听说，郭大使在与姆瓦卡玛这个女孩谈话时，女孩明确说，她想到中国寻根，她的根在那，她要学中医，学成后回到肯尼亚为村民看病。热心的郭大使随即与国内有关部门沟通，为姆瓦卡玛争取到了一个留学奖学金名额。不久后，她如愿以偿，到南京中医药大学读书。在纪念郑和下西洋 600 年的那段时间，姆瓦卡玛经常上电视接受采访，发表感想，成了名人。姆瓦卡玛·沙里夫在中国读书时，有了个中文名字：夏瑞福。

这段旅游带出的佳话，至今想来仍很愉快。

2014 年，我回国后听说，夏瑞福在南京拿到硕士学位后又到武汉华中科技大学同济医学院去攻读博士学位了。

2020 年 6 月，我和夏瑞福通话得知，她目前住在校内防疫，一切均好。同年 9 月，夏瑞福博士通过微信告诉我，她在华学的专业是妇产科。她即将回肯尼亚开诊所，为同胞服务。2021 年 7 月，夏瑞福博士告诉我，她要结婚了。我和妻子闻得喜讯，赶紧按中国的习俗，通过微信送上了心意和祝福。

尊敬的郭崇立大使，多年没有联系了。您为夏瑞福，为中肯友好交往所做的一切，人们不会忘记的。您如能从书中得知夏瑞福的消息，一定也会感到很欣慰吧！

夏瑞福博士（右二）、新郎（左二）。两侧是夏瑞福的父母

附录四

补充阅读材料

《联合国宪章》（中文版）

《联合国宪章》（英文版）

《联合国环境规划署联合国
环境大会议事规则》（中文版）

《联合国环境规划署联合国
环境大会议事规则》（英文版）

其他材料

后　记

本书除了叙述一些历史故事和我在联合国的经历外，很多章节采取夹叙夹议的形式，以期能引发读者的思考，做出自己的分析和判断；以期能增进读者对国际组织、国际事务、多元文化以及中国在国际上的形象和地位的了解；以期读者能够客观地看待联合国，既不仰视，也不轻视，而是平视。若能如此，敝人自忖本书就没浪费这宝贵的纸张。

在本书即将面世之际，谨向曾给予热情帮助的部门和个人表示衷心的感谢。特别要感谢浙江大学原党委副书记邬小撑教授，以及外国语学院原副院长、现学生国际化能力培养基地秘书处主任李媛教授的鼓励和支持。感谢浙江大学李佳老师、浙江大学出版社张琛副总经理和责任编辑董唯老师为本书的编辑出版花费的大量时间和精力。没有他们的鼓励、建议和辛勤付出，本书难以顺利出版发行。

在编著本书的过程中，一些年轻的朋友和联合国的同事对本书的立意和定位，对一些章节的设置和内容，以及文字均做出了有益的贡献。这里一并感谢，恕不一一具名。

最后，我要感谢我的妻子刘淑琴。她在亚洲理工学院获得硕士学位，在北京大学获得法律博士学位。为了支持我在联合国工作，她放弃了从事多年的国际环境咨询高级专家的工作，在内罗毕陪同和支持我 11 年，做出了很大的牺牲。在本书编著过程中，她对书的内容给予了很有价值的建议。同时，她体贴周到的生活保障，使我无后顾之忧。没有她，我很难想象本书的出版，更难想象在联合国那些年我能立足并有所作为。

我很赞赏联合国的"允许犯错"文化。我很愿意听到对本书的不同意见和声音。我不怕错。出现错误是正常现象，我可以从批评指正中得到更为准确的意见，也可以增进与读者的交流。在此，敬请读者朋友批评指正。

王之佳
2022 年夏

联合国内罗毕办事处的国旗小路

每个少年都有梦。北京天安门广场是他梦开始的地方。1961年夏，王之佳和敬爱的姨父武心韵、姨母郭传荣合影

1969年，王之佳务农，持鞭赶牛车，之后竟从草原走进了联合国（刘延庭摄于内蒙古科尔沁左翼中旗白音花公社新立屯大队知青点）

1975年王之佳（前排左一）在南开大学外文系英语专业学习，时任共青团南开大学外文系总支副书记

1977年夏，首都机场，王之佳（右一）首次参与接待联合国官员访华团。左一、左三、右二这三位官员分别来自泰国、菲律宾、巴基斯坦

1978年3月，北京大学王恩涌教授给王之佳办理的化学课旁听证，以帮助其恶补环保知识

1979 年 2 月，王之佳首次参加联合国会议，紧张得浑身是汗

1979 年 10 月，内罗毕，中国驻肯尼亚大使杨克明与馆员、华侨合影，庆祝新中国成立 30 周年。英文横幅为时任使馆俱乐部主任王之佳（后排右一）所写

1984 年，王之佳（右）
在巴黎环境会议上与联
合国环境署第二任执行
主任托尔巴合影。托尔
巴每日工作近20个小时，
精力和能力令人敬佩

1987 年 9 月 16 日，王之佳作为中国代表在蒙特利尔签署《蒙特
利尔议定书》最后文件。此事促使其去武汉大学攻读国际环境
法硕士学位

1992 年春，在东京国际环境会议上，
王之佳（左）与日本前首相竹下登合影。
他任首相期间，促成了中日友好环境
保护中心项目

1992 年 4 月，在伦敦国际环境会议上，王之佳（后排左二）聆听坦桑尼亚总统、非洲民族
解放运动的伟大领袖尼雷尔（后排左三）对全球环境问题的见解

1992年4月，在伦敦召开的国际环境与发展会议上，王之佳与挪威首相布伦特兰合影。布伦特兰很高兴地得知她主持完成并发布的《我们共同的未来》报告已有中文版，并且王之佳是译者之一

1994年8月，王之佳（左）出席在花莲举办的 APEC 环境高官会，会见台湾环保事务主管部门负责人张隆盛

1994年12月8日，王之佳（前排左）与外交部资深谈判代表钟述孔（前排右）出席联合国亚太经社会会议

1995年，王之佳（右）与时任国家环保局局长解振华（中）在国际谈判桌上

1996年，王之佳任国家环保局国际合作司司长（前排右五），与全司同事合影

1998 年 3 月，王之佳（主席台右一）在布鲁塞尔出席《鹿特丹公约》谈判大会，任大会报告员

1999 年 11 月，北京，王之佳（前排左一）和解振华（前排右一，时任国家环保总局局长，现任中国气候变化事务特使）、刘振民（前排中，曾任联合国副秘书长）在第 11 次《蒙特利尔议定书》缔约方大会上

2002 年 4 月，王之佳（右）拜访 1972 年出席斯德哥尔摩联合国人类环境会议的中国代表团团长唐克

2003年3月，王之佳(右)
向客居京城的联合国
环境署首任执行主任
斯特朗先生辞行

2003年6月，王之佳（右）与联合国
环境署第四任执行主任特普菲尔在出
差途中

2003—2014年，王之佳曾持有的中华
人民共和国外交护照和联合国通行证

王之佳客居内罗毕的住所。门口站立者是"大半边天"——妻子刘淑琴

2003 年 11 月，王之佳夫妇（左一和右二）在纽约与中国常驻联合国代表王光亚（左二）及其夫人陈姗姗（右一）重逢

2005年2月，王之佳（前排中）出席并主持联合国环境署环境教育工作会

2005年5月25日，时任国家环保总局副局长祝光耀（前排右三）和联合国环境署副执行主任卡卡海尔（前排右四）在刚果（布）出席联合国环境署中非环境中心竣工典礼。这是王之佳（前排右二）在联合国环境署主导的第一个项目

2006年，联合国环境署第五任执行主任施泰纳（前排中）参观在联合国环境署总部举办的罗红（前排右）"人与自然"摄影展

王之佳（右）与施泰纳（左）、罗红（中）听取罗红基金资助的联合国环境署中文网站工作汇报

2007 年 1 月，王之佳在内罗毕
北京学校校舍奠基仪式上

2008 年 2 月 14 日，王之佳夫妇出席内罗毕胡鲁玛村
生态卫生设施项目启动仪式

2007 年，中国驻肯尼亚
大使张明（前排左四）
与夫人（前排左三）视
察北京学校工地。前排
右三为校长齐亚基、左
一为余明艳博士、左二
为笔者、右一为笔者秘
书莱斯利

2014 年 3 月 31 日，内罗毕玛萨瑞
社区北京学校的师生出席联合国
环境署为王之佳举办的退休告别
招待会并进行了歌舞表演

2008 年 8 月 8 日早晨，王之佳（左）与施泰纳在参加北京奥运会火炬传递后合影

2008 年 8 月 8 日，王之佳无比自豪地参加北京奥运会活动

2008 年 8 月，王之佳（左）应邀到沪与上海世博局局长洪浩就上海市政府与联合国环境署关于 2010 上海世博会合作事宜进行商谈

2009 年 8 月，联合国环境署在上海召开新闻发布会，就上海世博会筹备过程的环境举措发表评论。右者为王之佳

2009 年 11 月，联合国环境署邀请世界各界社会名人搭乘气候快车赴哥本哈根参加联合国气候变化大会

2009 年，王之佳在肯尼亚和联合国环境署中国儿童环保绘画大赛获一等奖的孩子们在一起

2012 年 6 月，里约热内卢联合国环境与发展会议期间，施泰纳（右二）会见中国企业家万通冯仑（右一）、万科王石（右三）、远大张跃（右四）和阿拉善 SEE 生态协会秘书长刘小刚（左二）。左一为时任联合国环境署区域合作司司长西本伴子，其于 2015 年任世界劳工组织助理总干事；左三为王之佳

2013 年冬，王之佳（左）和施泰纳在故宫留影

2013年，王之佳（左一）
与在联合国环境署实习和
工作的中国青年合影

在联合国环境署实习的中
国学生与同事们

2013年，王之佳（右）与好友、联合国　　王之佳（右二）与联合国同事们下班后在联合国
环境署原执行主任办公室大主管布那朱　　大院练太极拳
提合影留念

王之佳在联合国任职期间，参加联合国各类培训所获得的部分证书

2008年12月，王之佳夫妇出席儿子王肯在伦敦政治经济学院的毕业典礼。王之佳在联合国任职，致力于为世界环保事业服务，同时，也向儿子灌输环保意识，一起参加环保活动

2014年3月31日，王之佳获得由联合国副秘书长签名、联合国环境署特别颁发的荣誉证书

2013 年世界环境日，王之佳和施泰纳（前第三排左五和左二）参加联合国内罗毕办事处职员集会，为走可持续发展之路站台

2014 年 3 月 31 日，施泰纳（左二）偕夫人利好伊博士（左三）出席环境署为王之佳（右一）举办的退休告别招待会。左一是王之佳夫人刘淑琴

2016 年 11 月，王之佳夫妇在南极中国长城站展示五星红旗

2018 年，王之佳（右二）在北极地区格陵兰岛，与纯朴可爱的因纽特孩子一起，鼓励他们穿上救生衣，登探险船看一看

2016 年 11 月，王之佳在南极冰泳

2016 年 11 月，王之佳在南极冰泳的证书

2017 年 11 月，联合国副秘书长、环境署第六任执行主任索尔海姆在北京与王之佳（左）合影

2019 年夏，王之佳（左）拜访解振华

2019 年 4 月 23 日，清华大学全球胜任力中心在林徽因参与设计的"胜因院"红砖小楼里，举办炉边夜话。王之佳讲座的题目是"全球环境治理"

2021 年 6 月 9 日，北京罗红摄影艺术馆，南京大学和中国人民大学部分参访学生与联合国"气候英雄"罗红对话

2021 年 9 月 19 日，王之佳在清华大学、中国人民大学共同举办的模拟气候变化缔约方大会开幕式上致辞

2021 年 10 月，王之佳在南京大学授课——"用数据思考，避免情绪化决策"

2019 年 3 月，王之佳（前排中）与授课的同济大学研究生班毕业学生合影

2019 年 11 月，王之佳在浙江大学"全球治理周"开幕式暨浙江大学学生国际化能力培养基地启动仪式上做大会主旨报告

2020 年 11 月，王之佳（前排左四）出席中国人民大学第一届《联合国气候变化框架公约》模拟大会

2020 年 12 月，王之佳（右八）参加浙江大学国际组织精英人才培养计划五周年庆典

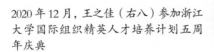